来吧，一起创客

刘金鹏 陈众贤 裴炯涛 著

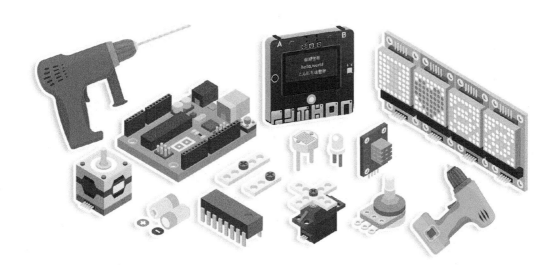

人民邮电出版社

北　京

图书在版编目（ＣＩＰ）数据

来吧，一起创客 / 刘金鹏，陈众贤，裘炯涛著. --
北京 ：人民邮电出版社，2020.4
（小小创客家）
ISBN 978-7-115-52746-2

Ⅰ．①来… Ⅱ．①刘… ②陈… ③裘… Ⅲ．①程序设
计－少儿读物 Ⅳ．①TP311.1-49

中国版本图书馆CIP数据核字(2019)第266440号

内 容 提 要

　　本书基于 3 位作者多年的中小学创客教育经验编写，收录了 12 个生动有趣的学生创客获奖作品，如戒烟笔筒、智能骑行安全帽、减肥沙发等项目，以中小学生的视角去分析现实生活中存在的痛点和需求，通过设计外形、搭建电路、编写程序等几个步骤，由浅入深地教学生使用智能硬件完成创客项目制作。本书所有项目均提供了 Mind+和 Mixly 两个软件版本的程序代码，因此学生既可以挑选适合自己的软件进行学习，也可以同时对照两种程序进行学习，进而可以轻松地理解智能项目设计的过程与步骤，充分体验创造的乐趣。

　　本书操作步骤详细简明、图片清晰、项目可操作性强，可以作为中小学生学习创客项目制作的进阶教程，也可以作为有意开展 STEAM 课程的学校和机构的教学用书。

◆ 著　　　　　刘金鹏　陈众贤　裘炯涛
　　责任编辑　　吴晋瑜
　　责任印制　　王　郁　焦志炜
◆ 人民邮电出版社出版发行　　北京市丰台区成寿寺路 11 号
　　邮编 100164　电子邮件 315@ptpress.com.cn
　　网址　http://www.ptpress.com.cn
　　北京九州迅驰传媒文化有限公司印刷
◆ 开本：720×960　1/16
　　印张：13　　　　　　　　　　2020 年 4 月第 1 版
　　字数：181 千字　　　　　　　2025 年 1 月北京第 8 次印刷

定价：59.00 元

读者服务热线：(010)81055410　印装质量热线：(010)81055316
反盗版热线：(010)81055315
广告经营许可证：京东市监广登字 20170147 号

推荐序

早些时候，我收到了一张明信片，上面写着"The more you learn，the more you know. The more you know，the more you forget. The more you forget，the less you know. So why bother to learn."。对啊，人不可能在读完书之后记住里面的每一个知识点，那么，反正读了书也是要忘记的，是不是就不要读书？我一直在思考阅读的意义，在我看来，阅读不应该是急功近利的，更应该是一个潜移默化的过程，不断积累，不断消化，最终真正内化的知识和思考才是读书带来的最宝贵的东西。

创造这件事情也是如此。很多时候，你的作品最终会因为时间久了、零部件故障而失效，或者因为放在书架上层而被遗忘，还有可能因为制作新作品时缺少零件而直接被"旧物活用"。它们从这个世界"消失"了，但能说它们没有存在的价值吗？当然不能，将创造灵感在脑内具象化的能力、遇到问题尝试各种解决方案不屈不挠的毅力……这些都已经在不知不觉中变成了你自己的"功夫"。

近年来，创客教育在我国作为一门新生课程，大有逐渐推广开来的势头。大创客们精益求精、更上层楼，小创客们也不甘落后、一路前行。国内许多从业的创客教师们为此付出了很多努力，他们勤于开拓，迅速积攒教学经验，不断挑战项目制作和创意创新，本书的 3 位作者就是这一行人中非常优秀的几位。他们整理了众多丰富精彩的创造实例，从"实战"的角度出发，分享了不同视角下创客作品的创意来源及制作方法，并辅以对各个具体案例的细致说明和制作方法的指导，让读者可以更好地学习并实践在自己的创意实践中。这种剖析式的辅导，可以让更多的人了解创客作品的"从无到有"，是非常宝贵的分享。

遇到问题不慌张的淡定，面对障碍不畏惧的自信，跳出思维的围墙、创意地解决问题的能力，可能才是创客教育为孩子提供的最宝贵的教育。

在创客活动中，我们经常强调"开源"和"分享"，因为人们在创造的过程中，必然用到很多不同工具产品的图形和模型，如果每个人都从零开始去设计这些工具，会带来很多的重复劳动，既没有必要，又浪费精力。

开源社区的存在，为跳过"重复'造轮子'"的阶段提供了可能。在开源社区中，创客们会把自己设计的图形或模型以通用文件的形式发布出来；需要使用这些文件的人，只要遵循一定的开源协议，就可以使用这些文件，直接在此基础上进行改造和创新，迅速进入"造车"阶段，这对于创新的飞速发展有着非同一般的意义。

创客们以分享技术、交流思想为乐，而以创客为主体的社区则成了创客文化的载体。创客社区让原本一件独立完成的创造活动得以分享、交流。创客们在这里公开、分享各自的创意和想法，让大家有机会看到更多超乎想象的东西。

我们作为主力运营的 DF 创客社区从 2013 年至今，在 6 年多的时间里，累计了 4 万多的注册用户，得到了很多创客的大力支持。他们倾情参与到社区的内容贡献中，还有不少从事创客教育的老师也参与到 DF 创客社区的管理维护工作中。本书的作者们也是这其中的先锋和代表，他们不吝分享，在 DF 创客社区不断贡献着很多质量非常高且极具启发性的课程和项目。期待在未来，不论是线上开源的分享，还是集结精华出版成书，他们能带来更多令人直呼精彩的分享。

在开源硬件领域，有一句很文艺的说法："Arduino 能让你领略用代码操控现实的魔力"，我想这本书也许就是你的"魔法书"。

DF 创客社区　龚晨

2019 年 12 月

前　言

　　近年来，随着我国对科技强国战略的逐渐重视，创客教育和 STEAM 教育得到了蓬勃发展。创客教育通过教授开源软、硬件等知识，鼓励学生综合运用各学科知识，把他们自己的奇思妙想变成现实，是一种着眼于未来的教育；STEAM 教育则鼓励学生在科学、技术、工程和数学等领域的发展和提高，让学生以学科整合的方式认识世界，运用跨学科思维解决现实问题，提升他们的逻辑思维能力和解决问题的能力。可见，它们的核心都是综合运用各学科知识发现和解决现实问题，而这一个个问题的解决最终又全都聚焦到了一点上：学生作品。

　　作为一名普通的中小学信息技术教师，我大概从 2014 年开始接触创客教育，2016 年辅导两位学生获得全国首届校园创客大赛一等奖。近年来，我辅导中小学生参加各级各类创客大赛获奖五十余项，大多用 Arduino 作为辅导学生参加各级各类创客大赛的工具。这期间，北京师范大学教育学部创客教育实验室推出的图形化编程软件米思齐（Mixly）大大降低了基于 Arduino 的创客作品编程难度，使得广大的中小学生用 Arduino 制作创客作品不再是一件困难的事情。随着越来越多的中小学生开始接触以 Scratch 为代表的图形化编程语言，教师在教学中迫切需要一种延续这种编程语言风格的软件，来对 Arduino 等开源硬件进行编程。Mind+ 就是这样一款基于 Scratch 3.0 开发的青少年编程软件，它支持 Arduino、micro:bit、掌控板等各种开源硬件，可以使学生仅拖动图形化程序块便能完成编程，从而轻松体验到创造的乐趣。

　　基于 Mixly 和 Mind+ 这两款优秀的编程软件，我和学生一起创作出了许多富有创意和想法的作品。经常有老师或家长咨询我如何引导孩子制作创客作品，于是我就想把这些作品的创作过程分享出去，以期让更多的学校和孩子了解创客作品的创意来源及制作方法。偶然的时机，我和来自杭州捣鼓车间的陈众贤以及杭州听涛小学的裘炯涛老师说了自己的想法，他们也是常年辅导学生参加创客竞赛的教师，大家一拍即合，决定把这件有意义的事情做下去。这就是我们编写这本书的初衷和想法。希望拿到这本书的读者能在模仿的基础上不断创新，做出创意十足的作品。

本书可供开展 STEAM 教育和创客教育的学校或机构作为教学用书（每节课基本上需要两个课时），也可以作为对科技感兴趣的孩子的课外读物。希望这本书能让家长或老师在指导孩子时多一些参考，同时也能让学校里涌现出更有能力实现自己奇思妙想的小创客。

浙江省杭州市余杭区安吉路良诸实验学校

刘金鹏

2019 年 11 月

致 谢

首先感谢北师大傅骞教授带领的 Mixly 团队和 DFRobot 公司的 Mind+ 团队，为了这本书的编写，他们不厌其烦地为我们升级软件，满足我们各种"不合理"的需求。他们为青少年创客教育设计了如此优秀的工具，让更多的孩子能够接触开源硬件，学习编程并设计有趣的创意作品，为创客教育和 STEAM 教育的普及提供了可能。

感谢 DFRobot 创客社区的伙伴们：Jane（余静）为本书提供了高品质硬件支持，并就本书的框架和内容设计给出了宝贵的意见；Joanna（李玲雪）为我们设计了很多漂亮的电路图素材；Ashley（龚晨）为本书及配套案例的社区推广提供了大力支持。虽然大家各自工作繁忙，但当我们有困难时，他们总能第一时间响应，并提供了超出我们预期的帮助。

感谢 DFRobot 的工程师，他们为 Arduino、micro:bit、掌控板的周边生态建设做了很多工作，设计了大量的电子模块。

感谢梁立昊、李奕成、南赫、陈润声、江牧莼、沈宗杰、孙优力、沈一心、张逸然、叶康辰等几位小朋友，他们不仅见证了这本书从无到有的过程，还参与了部分案例的创意与设计。正是因为孩子们对创客教育的热情与专注，我们才有动力去写这本书。

感谢人民邮电出版社吴晋瑜老师的帮助，在我们撰写本书的过程中，她仔细审读了每一章的内容，并提供了很多宝贵的意见。

要感谢的人太多，由于篇幅关系，不能一一列举。最后感谢创客教育，让我们在这条路上遇到越来越多志同道合的伙伴！

资源与支持

本书由异步社区出品，社区（https://www.epubit.com/）为你提供相关资源和后续服务。

配套资源

本书提供配套视频资源，请在异步社区本书页面中单击 `配套资源` ，跳转到下载界面，按提示进行操作即可。注意：为保证购书读者的权益，该操作会给出相关提示，要求输入提取码进行验证。

提交勘误

作者和编辑尽最大努力来确保书中内容的准确性，但难免会存在疏漏。欢迎你将发现的问题反馈给我们，帮助我们提升图书的质量。

当你发现错误时，请登录异步社区，按书名搜索，进入本书页面，单击"提交勘误"，输入勘误信息，单击"提交"按钮即可，如下图所示。本书的作者和编辑会对您提交的勘误进行审核，确认并接受后，你将获赠异步社区的 100 积分。积分可用于在异步社区兑换优惠券、样书或奖品。

扫码关注本书

扫描下方二维码，你将会在异步社区微信服务号中看到本书信息及相关的服务提示。

与我们联系

我们的联系邮箱是 contact@epubit.com.cn。

如果你对本书有任何疑问或建议，请你发邮件给我们，并请在邮件标题中注明本书书名，以便我们更高效地做出反馈。

如果你有兴趣出版图书、录制教学视频，或者参与图书翻译、技术审校等工作，可以发邮件给我们；有意出版图书的作者也可以到异步社区在线提交投稿（直接访问 www.epubit.com/selfpublish/submission 即可）。

如果你所在的学校、培训机构或企业，想批量购买本书或异步社区出版的其他图书，也可以发邮件给我们。

如果你在网上发现有针对异步社区出品图书的各种形式的盗版行为，包括对图书全部或部分内容的非授权传播，请您将怀疑有侵权行为的链接发邮件给我们。你的这一举动是对作者权益的保护，也是我们持续为你提供有价值的内容的动力之源。

关于异步社区和异步图书

"异步社区"是人民邮电出版社旗下 IT 专业图书社区，致力于出版精品 IT 技术图书和相关学习产品，为作译者提供优质出版服务。异步社区创办于 2015 年 8 月，提供大量精品 IT 技术图书和电子书，以及高品质技术文章和视频课程。更多详情请访问异步社区官网 https://www.epubit.com。

"异步图书"是由异步社区编辑团队策划出版的精品 IT 专业图书的品牌，依托于人民邮电出版社近 30 年的计算机图书出版积累和专业编辑团队，相关图书在封面上印有异步图书的 LOGO。异步图书的出版领域包括软件开发、大数据、AI、测试、前端、网络技术等。

异步社区

微信服务号

目 录

1

第1章　准备篇　/ 01

1.1　软件简介　/ 01

1.1.1　Mixly 软件　/ 01

1.1.2　Mind+ 软件　/ 01

1.2　Mixly 软件准备工作　/ 03

1.2.1　Mixly 软件安装　/ 03

1.2.2　Mixly 程序编写及上传　/ 05

1.2.3　串口调试　/ 07

1.3　Mind+ 软件准备工作　/ 08

1.3.1　Mind+ 软件安装　/ 08

1.3.2　Mind+ 程序编写及上传　/ 09

1.3.3　串口调试　/ 11

2

第2章　防盗背包　/ 13

2.1　任务描述　/ 13

2.2　草图设计　/ 14

2.3　搭建电路　/ 15

2.3.1　所需的元件　/ 15

2.3.2　线路连接　/ 16

2.4　编写程序　/ 16

2.4.1　工作流程　/ 16

2.4.2　编写程序（Mixly 版）/ 18

2.4.3　编写程序（Mind+ 版）/ 20

2.5　结构搭建　/ 23

2.5.1　材料准备　/ 23

2.5.2　制作过程　/ 23

2.6　效果演示　/ 25

3

第 3 章　"给面子"的 C-Watch　/ 27

3.1　任务描述　/ 28

3.2　草图设计　/ 28

3.3　搭建电路　/ 28

3.3.1　所需的元件　/ 28

3.3.2　线路连接　/ 30

3.4　编写程序　/ 30

3.4.1　工作流程　/ 30

3.4.2　编写程序（Mixly 版）/ 31

3.4.3　编写程序（Mind+ 版）/ 33

3.5　结构搭建　/ 36

3.5.1　材料准备　/ 36

3.5.2　元器件加工处理　/ 36

3.5.3　电路连接　/ 37

3.5.4　外壳安装　/ 38

3.5.5　表带设计　/ 40

3.6　效果演示　/ 40

4

第 4 章　减肥沙发　/ 41

4.1　任务描述　/ 41

4.2　草图设计　/ 42

4.3　搭建电路　/ 42

　4.3.1　所需的元件　/ 42

　4.3.2　线路连接　/ 44

4.4　编写程序　/ 44

　4.4.1　工作流程　/ 44

　4.4.2　编写程序（Mixly 版）　/ 45

　4.4.3　编写程序（Mind+ 版）　/ 48

4.5　结构搭建　/ 51

　4.5.1　材料准备　/ 51

　4.5.2　制作过程　/ 52

4.6　效果演示　/ 55

5

第 5 章　体感骑行转向帽　/ 57

5.1　任务描述　/ 58

5.2　草图设计　/ 58

5.3　搭建电路　/ 59

　5.3.1　所需的元件　/ 59

　5.3.2　线路连接　/ 60

5.4　编写程序　/ 61

　5.4.1　工作流程　/ 61

　5.4.2　编写程序（Mixly 版）　/ 62

5.4.3 编写程序（Mind+ 版） / 64

5.5 结构搭建 / 68

5.5.1 材料准备 / 68

5.5.2 固定灯带 / 69

5.5.3 安装倾斜传感器 / 70

5.5.4 电路连接 / 71

5.5.5 整理固定 / 71

5.6 效果演示 / 73

6

第 6 章 智能小便池 / 75

6.1 任务描述 / 75

6.2 草图设计 / 76

6.3 搭建电路 / 76

6.3.1 所需的元件 / 76

6.3.2 线路连接 / 77

6.4 编写程序 / 78

6.4.1 工作流程 / 78

6.4.2 编写程序（Mixly 版） / 79

6.4.3 编写程序（Mind+ 版） / 80

6.5 结构搭建 / 83

6.5.1 材料准备 / 83

6.5.2 制作过程 / 83

6.6 效果演示 / 86

7

第 7 章　戒烟笔筒　/ 89

7.1　任务描述　/ 89

7.2　草图设计　/ 89

7.3　搭建电路　/ 90

　7.3.1　所需的元件　/ 90

　7.3.2　线路连接　/ 91

7.4　编写程序　/ 92

　7.4.1　工作流程　/ 92

　7.4.2　编写程序（Mixly 版）　/ 92

　7.4.3　编写程序（Mind+ 版）　/ 93

7.5　结构搭建　/ 95

　7.5.1　材料准备　/ 95

　7.5.2　制作过程　/ 95

7.6　效果演示　/ 98

8

第 8 章　可发光警示三角架小车　/ 99

8.1　任务描述　/ 99

8.2　草图设计　/ 99

8.3　搭建电路　/ 100

　8.3.1　所需的元件　/ 100

　8.3.2　线路连接　/ 101

8.4　编写程序　/ 102

　8.4.1　工作流程　/ 102

8.4.2 编写手机端 App Inventor 程序　/ 102

8.4.3 编写程序（Mixly 版）/ 104

8.4.4 编写程序（Mind+ 版）/ 106

8.5 结构搭建　/ 110

8.5.1 材料准备　/ 110

8.5.2 制作过程　/ 110

8.6 效果演示　/ 112

9

第 9 章　汽车智能安全预警系统　/ 115

9.1 任务描述　/ 115

9.2 草图设计　/ 116

9.3 搭建电路　/ 116

9.3.1 所需的元件　/ 116

9.3.2 线路连接　/ 117

9.4 编写程序　/ 118

9.4.1 工作流程　/ 118

9.4.2 编写程序（Mixly 版）/ 119

9.4.3 编写程序（Mind+ 版）/ 121

9.5 结构搭建　/ 125

9.5.1 材料准备　/ 125

9.5.2 制作过程　/ 127

9.6 效果演示　/ 129

10

第 10 章　校园智能一体走廊　/ 131

10.1　任务描述　/ 131

10.2　草图设计　/ 132

10.3　搭建电路　/ 133

　　10.3.1　所需的元件　/ 133

　　10.3.2　线路连接　/ 134

10.4　编写程序　/ 135

　　10.4.1　工作流程　/ 135

　　10.4.2　编写程序（Mixly 版）/ 135

　　10.4.3　编写程序（Mind+ 版）/ 138

10.5　结构搭建　/ 142

　　10.5.1　材料准备　/ 142

　　10.5.2　制作过程　/ 142

10.6　效果演示　/ 145

11

第 11 章　自动卷纸机　/ 147

11.1　任务描述　/ 147

11.2　草图设计　/ 148

11.3　搭建电路　/ 148

　　11.3.1　所需的元件　/ 148

　　11.3.2　线路连接　/ 149

11.4　编写程序　/ 150

　　11.4.1　工作流程　/ 150

11.4.2　编写程序（Mixly 版）　/ 150

11.4.3　编写程序（Mind+ 版）　/ 151

11.5　结构搭建　/ 152

11.5.1　材料准备　/ 152

11.5.2　制作过程　/ 152

11.6　效果演示　/ 154

12

第 12 章　掌控气象站　/ 157

12.1　任务描述　/ 157

12.2　草图设计　/ 158

12.3　搭建电路　/ 158

12.3.1　所需的元件　/ 158

12.3.2　线路连接　/ 159

12.4　SIoT 服务器搭建　/ 159

12.4.1　SIoT 简介　/ 159

12.4.2　SIoT 服务器的具体搭建　/ 160

12.5　编写程序　/ 161

12.5.1　工作流程　/ 161

12.5.2　编写程序（Mixly 版）　/ 162

12.5.3　编写程序（Mind+ 版）　/ 164

12.6　结构搭建　/ 167

12.6.1　图纸设计与加工　/ 167

12.6.2　制作过程　/ 170

12.7　效果演示　/ 171

13

第 13 章　掌控植物伴侣　／ 173

13.1　任务描述　／ 173

13.2　草图设计　／ 174

13.3　搭建电路　／ 174

　13.3.1　所需的元件　／ 174

　13.3.2　线路连接　／ 175

13.4　编写程序　／ 176

　13.4.1　工作流程　／ 176

　13.4.2　编写程序（Mixly 版）／ 177

　13.4.3　编写程序（Mind+ 版）／ 178

13.5　手机 App 设置　／ 180

13.6　结构搭建　／ 182

　13.6.1　图纸设计与加工　／ 182

　13.6.2　制作过程　／ 186

13.7　效果演示　／ 188

第 1 章

准备篇

1.1 软件简介

近几年，创客圈出现了不少适合中小学生使用的图形化编程软件。在本书编写过程中，我们会用两款比较有代表性的软件 Mixly 和 Mind+ 进行程序编写。这两款软件各有特色，在国内有着庞大的用户群，普及度较高。

1.1.1 Mixly 软件

Mixly 软件是在北京师范大学教育学部创客教育实验室负责人傅骞老师的带领下，由其团队自主开发的一款免费开源的图形化编程工具。从软件支持（编程语言）上看，该软件支持 C、JavaScript、Python 等编程语言；从硬件支持上看，该软件支持 Arduino、ESP8266、ESP32、micro:bit、掌控板等常见的开源硬件，有着良好的兼容性和扩展性。Mixly 软件界面如图 1-1 所示。

1.1.2 Mind+ 软件

Mind+ 是一款基于 Scratch 3.0 开发的青少年编程软件，支持 Arduino、micro:bit、掌控板等各种开源硬件，支持图形化程序块编程，还支持用 Python、C、C++ 等高级编程语言进行程序实现，不仅可以让低年龄段初学者轻松入门编程，也可以满足有一定基础的学生进阶的需求。Mind+ 软件界面如图 1-2 所示。

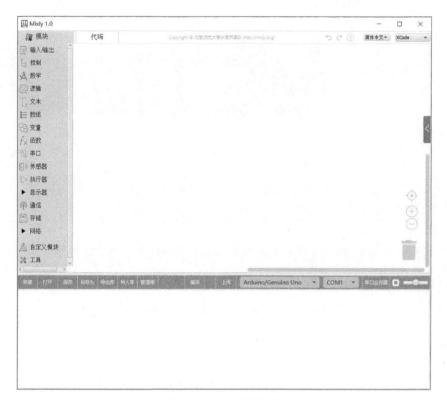

图 1-1　Mixly 软件界面

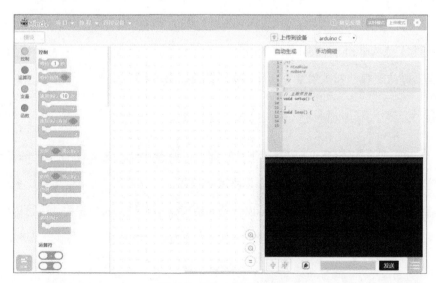

图 1-2　Mind+ 软件界面

1.2 Mixly 软件准备工作

▶ 1.2.1 Mixly 软件安装

Mixly 软件是基于 Java 开发的，有着跨平台运行的良好特性。Mixly 软件支持在 Windows 系统和 macOS 系统上运行，但尚不支持在平板计算机、智能手机等设备上运行。

1．Mixly Windows 版本安装

Mixly 支持 Windows 7 及以上系统。下载安装包之后，将其解压到非中文路径下，如 "D:\Mixly"。双击打开 Mixly.exe 即可启动软件，如图 1-3 所示。为了方便日后使用，读者也可以将该文件的快捷方式发送到计算机桌面上，这样下次就可以直接在桌面上打开 Mixly 了。

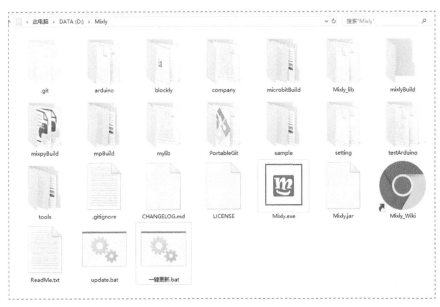

图 1-3　Mixly 软件目录

如果读者是第一次使用 Arduino 开发板，还需要安装开源硬件驱动。目前，开源硬件的驱动主要有 CH341 和 CP2102，驱动程序在 Mixly/arduino/drivers 目录中，

如图 1-4 所示。读者可以根据实际使用的开发板的串口芯片选择相应的驱动，也可以安装两种驱动。

图 1-4　Windows 系统安装驱动程序

下载 Mixly macOS 版本之后，将软件解压到任意目录。Mixly macOS 版本的目录如图 1-5 所示。双击 Mixly.jar 即可启动软件，软件界面如图 1-6 所示。

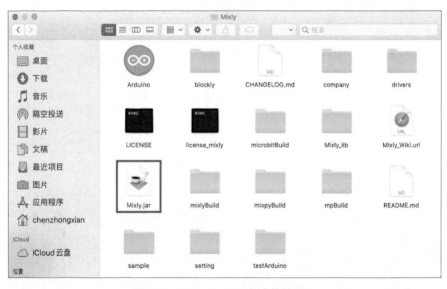

图 1-5　Mixly macOS 版本软件目录

如果读者是第一次使用 Arduino 开发板，还需要安装开源硬件驱动，目前开源硬件的驱动主要有 CH341 和 CP2102，驱动程序在 mixly/drivers 目录中。图 1-7 所示的是 macOS 系统安装驱动程序。读者可以根据实际使用的开发板的串口芯片选择相应的驱动，也可以将两个驱动都安装上。

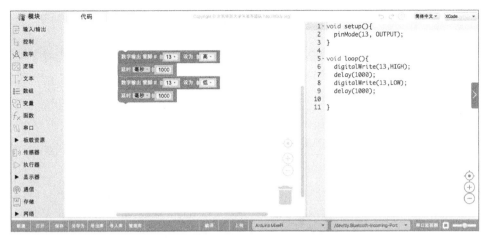

图 1-6　Mixly macOS 版本的软件界面

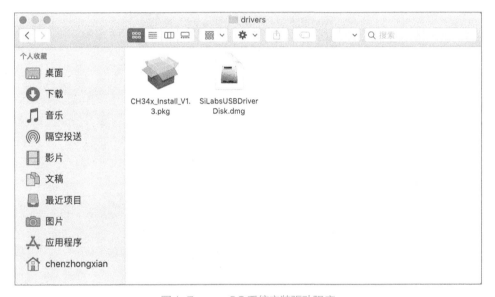

图 1-7　macOS 系统安装驱动程序

1.2.2　Mixly 程序编写及上传

在 Mixly 软件中编写程序，首先需要在界面右下角选择要使用的开源硬件板卡，如图 1-8 所示。在本书中，我们会用到 Arduino Uno、Arduino Leonardo、Arduino Handbit（掌控板）

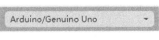

图 1-8　选择板卡

等硬件。

用数据线将 Arduino Uno 连接到计算机上，如图 1-9 所示，选择对应的端口，如图 1-10 所示。

图1-9 将 Arduino Uno 连接到计算机上

试着在 Mixly 中编写 13 号管脚闪灯程序，并且同步查看图形块对应的 C 语言代码，如图 1-11 所示。尤其需要注意的是，不需要在 Mixly 中添加主循环模块，右侧视图中的图形块默认就是在主循环之中。

图1-10 选择端口

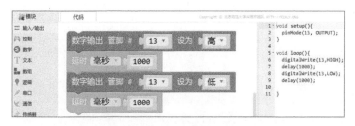

图1-11 Mixly 编写闪灯程序

编写好程序后，单击工具栏上的"上传"按钮，稍等片刻，下面的编译信息区就会输出"上传成功！"的消息，如图 1-12 所示。

程序上传完成后，我们就可以看到 Arduino Uno 上连接到 D13 号管脚的 LED 灯开始闪烁，如图 1-13 所示。

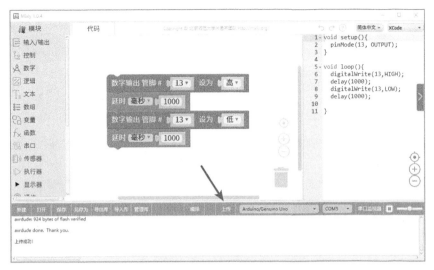

图1-12 Mixly上传程序

图1-13 Arduino Uno板载13号LED灯开始闪烁

1.2.3 串口调试

编写程序，从D5管脚读取DHT11温湿度传感器的温度值。程序上传完成后，单击软件界面右下角的"串口监视器"，如图1-14所示。

打开"串口监视器"窗口后，可以看到温湿度传感器测到的温度值，如图1-15所示。串口调试是编程中非常实用的工具，可以帮助我们通过串口调试查看传感器的读数、变量的值等，以快速找出程序中的问题。

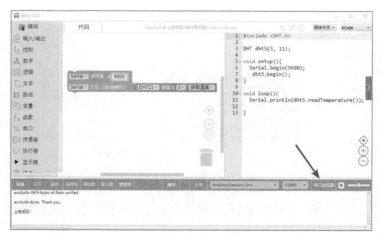

图 1-14　串口监视器在界面右下角

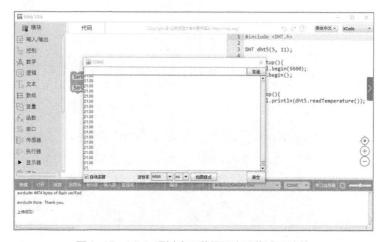

图 1-15　Mixly通过串口监视器查看传感器读数

1.3　Mind+软件准备工作

1.3.1　Mind+软件安装

Mind+ 软件支持在 Windows 系统和 macOS 系统上运行,也支持直接在浏览器中在线运行。在本节中,我们将介绍如何在 Windows 系统和 macOS 系统下安装 Mind+。

1. Mind+ Windows 版本安装

Mind+ 支持 Windows 7 及以上系统。从 Mind+ 官方网站下载安装包之后，双击进行安装即可，如图 1-16 所示。

2. Mind+ macOS 版本安装

Mind+ 支持在 macOS 系统上进行安装。

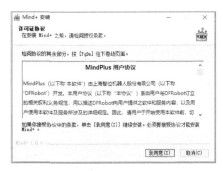

图 1-16　Windows 系统 Mind+ 安装过程

从 Mind+ 官方网站下载好安装包之后，双击打开，然后根据提示将 Mind+ 软件拖动到 Applications 目录中即可完成安装，如图 1-17 所示。

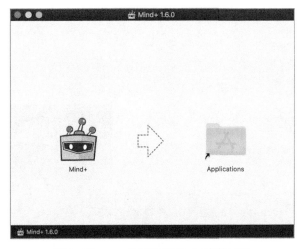

图 1-17　macOS 系统 Mind+ 安装过程

1.3.2　Mind+ 程序编写及上传

Mind+ 软件有两种模式：一种是实时模式，另一种是上传模式。实时模式是基于 Scratch 3.0 的，并且支持部分功能与硬件交互。但是，在这种模式下，硬件必须连接计算机才能运行，不能脱机运行，界面如图 1-18 所示。

上传模式支持的硬件较多，程序上传后就存储在开发板中，可以脱机运行，界面如图 1-19 所示。本书所有项目的程序实现均默认使用上传模式，后续章节不再赘述。

图 1-18　Mind+ 实时模式

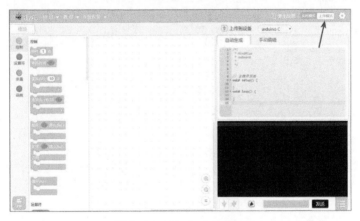

图 1-19　Mind+ 上传模式

在 Mind+ 中编程，首先选择要用到的主控板和传感器，单击 Mind+ 界面左下角的 [icon] 进行选择：在主控板上选择常用的 "Arduino Uno"，如图 1-20 所示。

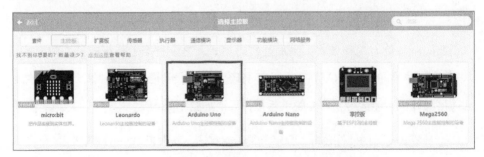

图 1-20　在 Mind+ 中选择主控板

在 Mind+ 软件的菜单栏选择"连接设备"→"COM×-CH340"，以连接 Arduino

Uno 开发板，如图 1-21 所示。注意，COM 后

面的数字 × 可能会因计算机不同而有所不同，

此处是 COM5。后文用到的 CH340 可能会因

为硬件驱动芯片不同而有所不同，如 CP210x。

如果找不到相应的设备，可以选择"一键安

装串口驱动"，安装设备的驱动。

图 1-21　在 Mind+ 中连接开发板

拖动左侧模块编写闪灯程序，将设置数字管脚[①]13 和等待语句放到循环之中，
程序如图 1-22 所示。

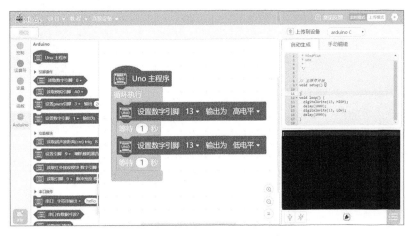

图 1-22　Mind+ 编写闪灯程序

编写完成后，单击界面右上角的"上传到设备"，将程序上传到开发板中。这
个程序上传完成之后，我们就可以看到 Arduino Uno 上的 D13 号 LED 灯开始闪烁。

▶ 1.3.3　串口调试

串口调试是我们进行创客编程时经常需要用到的工具。通过串口调试，我们
可以方便地看到传感器的数据、变量等。

---

① 关于"管脚"和"引脚"的说明：Mind+ 软件中称为"引脚"，而 Mixly 软件中称为"管脚"，实
际上两者代表的是同一个意思，本书中如无特殊说明，统一称为"管脚"。

编写程序从 D5 管脚读取 DHT11 温湿度传感器的温度值，完成程序上传后，单击界面右下角的打开串口，如图 1-23 所示。

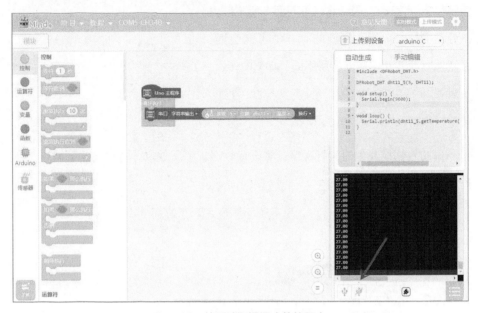

图 1-23　编写读取温湿度值的程序

在 Mind+ 界面右下角的串口监视区，可以打开串口监视器也可以关闭输出，如图 1-24 所示。

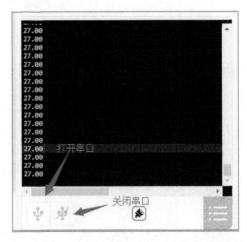

图 1-24　Mind+ 通过串口监视器查看传感器读数

第 2 章

防盗背包

我们背着背包走在路上时，难免会碰上小偷。小偷会趁人不注意，偷偷拉开背包拉链，窃取财物。为了防止此类事件的发生，我们打算设计一款防盗背包。当我们背着它走在路上时，如果有小偷从后面偷偷拉开拉链，就会触发警报。但如果是我们自己想要打开背包，就不会触发警报。

在本节中，我们通过多种传感器来设法解决这一问题。作品成品如图 2-1 所示。

图2-1　防盗背包成品

2.1　任务描述

要实现防盗背包的功能，我们需要解决以下几个问题：检测背包拉链是否被拉开、判断拉开背包的是自己还是别人，以及检测到有小偷拉开背包时触发警报。

要检测背包拉链被拉开，只需在拉链上安装一个小磁铁，在背包内部拉链合上的位置安装一个磁感应传感器。当拉链合上时，磁感应传感器检测到磁力，说明拉链处于正常合上状态；当拉链被拉开时，磁感应传感器检测不到磁力，说明拉链被拉开了，就让蜂鸣器发出警报声！

那如何判断拉开背包的是自己，还是别人呢？我们可以在背包的背面安装环境光线传感器。由于背包被我们的后背遮挡，环境光线传感器检测到的光线就会比较暗；如果拿下背包，环境光线传感器检测到的光线就会比较强。根据这个原理，我们可以检测打开背包的人是自己还是小偷。但是这样又会面临一个新的问题：如果是在晚上，不管是背着背包，还是取下背包，环境光线传感器检测到的光线都会比较暗。我们可以在背包后面加一个安全模式按钮，当按下按钮时，进入安全模式，背包后面的照明灯打开，这时环境光线传感器检测到的光线又会比较亮了，所以这时打开背包不会触发警报，同时照明灯光还能方便我们取东西。

2.2 草图设计

防盗背包的设计草图如图 2-2 所示。

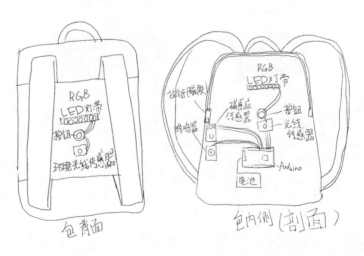

图2-2 防盗背包的设计草图

2.3 搭建电路

2.3.1 所需的元件

我们根据设计思路准备好制作防盗背包所需的元件，如表 2-1 所示。

表2-1 制作防盗背包所需的元件

元件图片			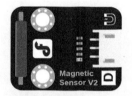
名称	Arduino Uno 主控板	Arduino Uno 传感器扩展板	磁感应传感器
数量	1块	1块	1个
说明	主控板，用来烧写程序	扩展板，方便连接传感器	连接到 Arduino Uno 控制器的D8管脚
元件图片			
名称	按键模块	环境光线传感器	蜂鸣器
数量	1个	1个	1个
说明	连接到 Arduino Uno 控制器的D2管脚	连接到 Arduino Uno 控制器的A0管脚	连接到 Arduino Uno 控制器的D12管脚
元件图片			
名称	WS2812 RGB LED灯带	电池盒	
数量	1条	1个	
说明	连接到 Arduino Uno 控制器的D13管脚	给主控板供电	

2.3.2 线路连接

为了方便编写程序，我们先设计防盗背包的电路连接关系。将磁感应传感器连接到 Arduino Uno 主控板的 D8 管脚，将光线传感器连接到 A0 管脚，将按键模块连接到 D2 管脚，将蜂鸣器模块连接到 D12 管脚，将 WS2812 RGB LED 灯带连接到 D13 管脚。线路连接如图 2-3 所示。

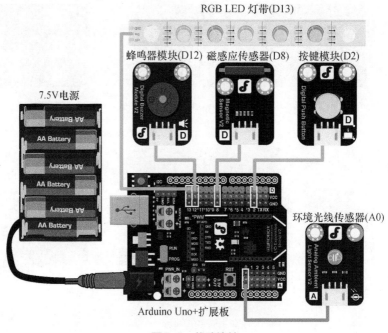

图2-3　线路连接

2.4　编写程序

2.4.1　工作流程

在编写程序之前，我们先梳理思路，设计出程序流程图，如图 2-4 所示。

先要初始化一些变量，以便在后面的程序中使用，如环境光线传感器的值、

RGB LED 灯带的设置与开关灯状态变量等。

接着，读取环境光线传感器的值，去判断是否需要进入警戒模式。在警戒模式中，一旦背包拉链被拉开，就会触发警报。除了根据环境光线传感器去判断是否进入警报模式，我们还设置了一个按键，当按键被按下时，会退出警报模式，方便我们自己从背包里取东西。按键模块通过改变 RGB LED 灯带的状态去控制灯的亮灭，当 RGB LED 灯带打开，照到环境光线传感器上时，环境光线传感器检测到光线变亮，自然就退出了警报模式。

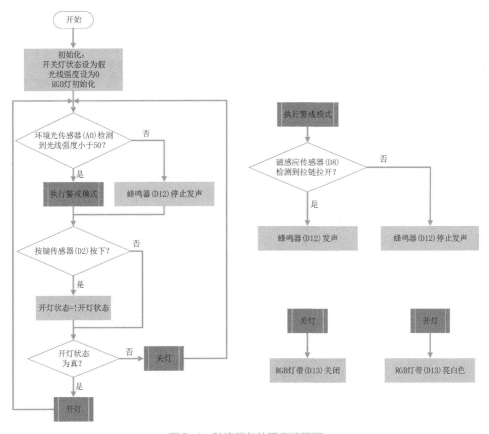

图2-4 防盗背包的程序流程图

2.4.2 编写程序（Mixly版）

根据流程图，我们先初始化相关变量："开灯状态"变量用来控制 RGB LED 灯带的亮灭，"光线强度"变量用来存储环境光线传感器检测到的值。另外，还需要设置 RGB 灯带连接的"管脚""灯数"和"亮度"等参数，初始化程序如图 2-5 所示。

接着创建一个"警戒模式"函数，方便在主程序中调用。在警戒模式中，当检测到拉链被拉开，即磁感应传感器检测到的值为"低"时，触发蜂鸣器警报，如图 2-6 所示。

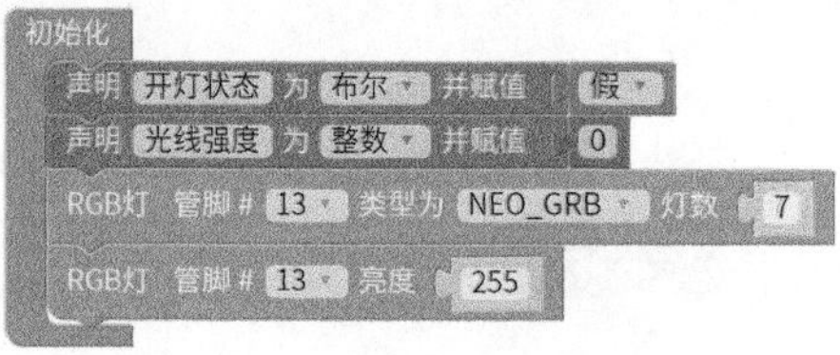

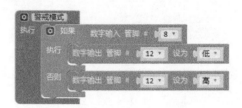

图2-5　防盗背包的初始化程序

图2-6　"警戒模式"函数

除了"警戒模式"函数，我们还需要再创建两个函数，即"开灯"函数和"关灯"函数，用来控制 RGB LED 灯带的亮灭，如图 2-7 所示。

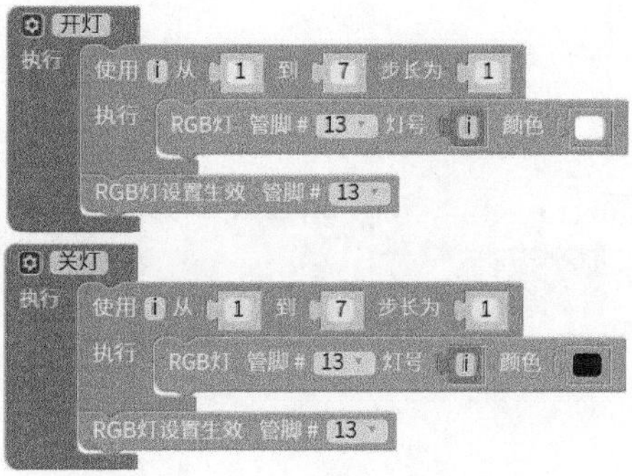

图2-7　开关灯控制函数

设置好这些辅助函数之后，我们就可以根据流程图编写主程序了。防盗背包的主程序如图 2-8 所示。其中的串口打印环境光线传感器的数值，是为了做测试并设置进入警报模式合适的阈值。

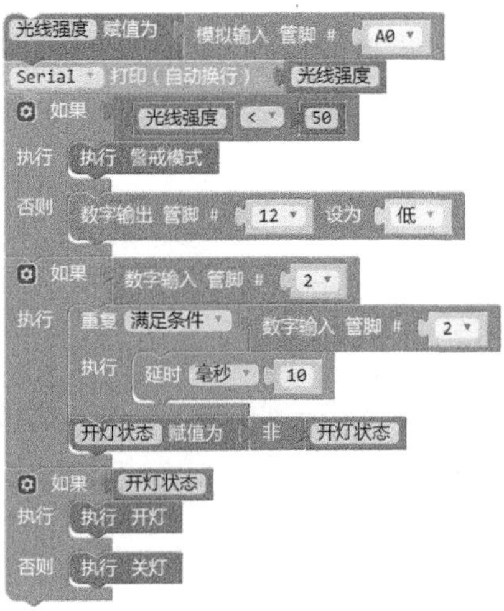

图2-8　防盗背包的主程序

防盗背包完整的 Mixly 程序如图 2-9 所示。

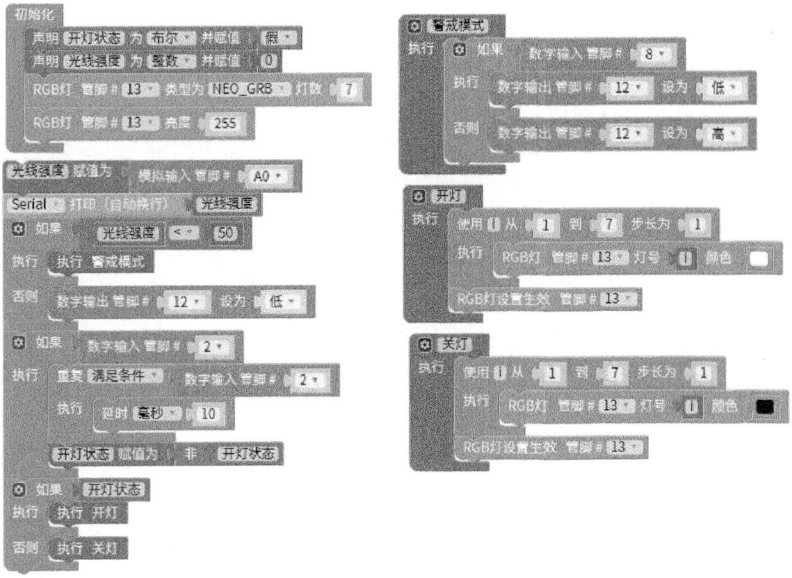

图2-9　防盗背包完整的Mixly程序

▶ 2.4.3 编写程序（Mind+版）

我们首先需要根据作品选择好对应的主控板及传感器。单击 Mind+ 软件界面左下角的"扩展"图标，在"主控板"类别中选择所用的"Arduino Uno"，如图 2-10 所示。

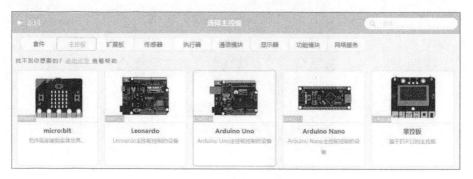

图 2-10　选择主控板

在"传感器"类别中选择"数字大按钮模块""模拟环境光线传感器"和"数字贴片磁感应传感器"，如图 2-11 所示。

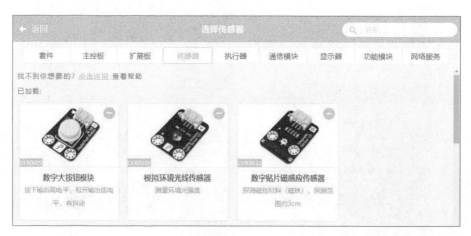

图 2-11　选择传感器

在"显示器"类别中选择"WS2812 RGB 灯"，如图 2-12 所示。

根据流程图，先初始化相关变量："开灯状态"变量用来控制 RGB LED 灯带的亮灭，"光线强度"变量用来存储环境光线传感器检测到的值。另外，还需要设置初始化 RGB 灯的"管脚""灯总数"和"亮度"等参数。防盗背包的初始化程序如图 2-13 所示。

图 2-12　选择显示器

接着定义一个"警戒模式"函数，方便在主程序中调用。在警戒模式中，当检测到拉链被拉开，即磁感应传感器检测到的值为"低电平"时，触发蜂鸣器警报，如图 2-14 所示。

图 2-13　防盗背包的初始化程序

图 2-14　"警戒模式"函数

由于 Mind+ 中已经有直接控制灯带亮灭的语句块了，因此不需要再设置"开灯"函数和"关灯"函数了。在设置好"警戒模式"函数之后，我们就可以根据流程图编写主程序了。主程序如图 2-15 所示。其中的串口打印光线传感器的数值，是为了做测试并设置进入警报模式合适的阈值。另外，Mind+ 中不能设置布尔类型的变量，所以设置一个数字类型的变量"开灯状态"，通过判断"开灯状态"的值等于 0 或 1 来决定是否需要开关灯。

图2-15 防盗背包的主程序

防盗背包完整的 Mind+ 程序如图 2-16 所示。

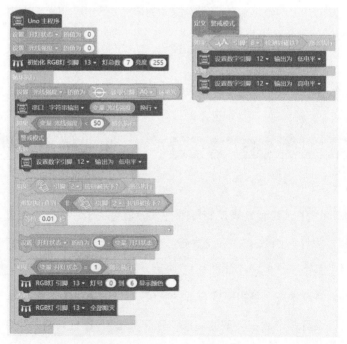

图2-16 防盗背包完整的Mind+程序

2.5 结构搭建

2.5.1 材料准备

准备好制作防盗背包的其他材料，如表2-2所示。

表2-2　制作防盗背包的材料

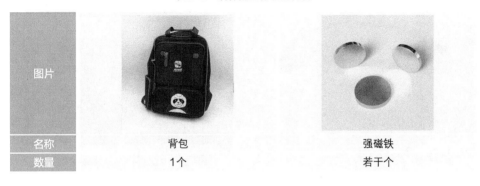

图片		
名称	背包	强磁铁
数量	1个	若干个

2.5.2 制作过程

由于需要在背包背面安装环境光线传感器、WS2812 RGB LED 灯带以及按钮模块，为了方便连接元器件，因此先在背包背面用剪刀挖一个小孔。这样既方便连接传感器导线，也可以把按钮模块隐藏到孔里。背包背面的挖孔位置如图 2-17 所示。

背包背部挖完孔后的样子如图 2-18 所示。

图2-17　背包背面的挖孔位置

图2-18　背包挖孔后的样子

将 WS2812 RGB LED 灯带焊接上导线，如图 2-19 所示。

将 WS2812 RGB LED 灯带、环境光线传感器用热熔胶固定到背包背面圆孔边上，同时将按键模块从背包内部固定，将按钮嵌入到刚挖出的圆孔中，如图 2-20 所示。

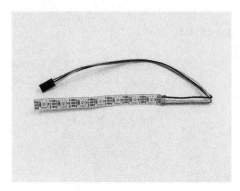

图2-19　将WS2812 RGB LED灯带
焊接上导线

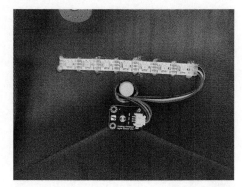

图2-20　将元器件固定到背包背面

接下来，改装拉链部分。为了方便改装操作，我们先将拉链拉开，拉到背包打开的最大位置，在拉链背面用热熔胶固定一个小磁铁，如图 2-21 所示。

接着在背包开口的另一端，用热熔胶固定磁感应传感器与蜂鸣器。注意，固定磁感应传感器时，在不影响拉链移动的情况下，尽量使其靠近拉链走线，提高检测的灵敏度，如图 2-22 所示。

图2-21　在拉链背面固定一个小磁铁

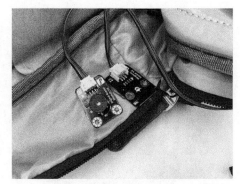

图2-22　在背包开口另一端固定磁感应
传感器与蜂鸣器

最后，将所有元器件和电池按照电路图连接方式连接到 Arduino 主控板对应的位置，如图 2-23 所示。可以用扎带对线材稍作整理，并将 Arduino 主控板与电池放到合适的位置。

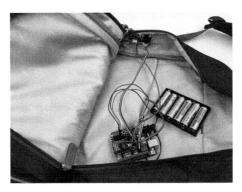

图2-23　连接电路

至此，整个防盗背包就制作完成了，赶紧测试使用一下吧！希望这个背包的防盗功能永远都不会派上用场。

2.6　效果演示

请扫描右侧的二维码，观看完整的演示效果。

扩展与提高

用电池供电比较耗电，需要经常更换。如果忘记更换电池，还会导致整个系统无法起效，能不能采用太阳能供电呢？另外，当发生偷盗行为时，能不能让防盗背包自动报警呢？赶紧试试吧！

第 3 章

"给面子"的 C-Watch

学习是学生的主要任务，在上课过程中保持课堂纪律也是学生需要遵守的基本准则。但是总有一些同学，会在上课过程中开小差或者做一些影响课堂纪律的事情。这个时候老师不得不停下来，去提醒或纠正这些同学的行为。对于这些同学来说，上课被老师提醒和批评，总是一件不光彩的事情，甚至会觉得"没面子"。有什么方法既可以保护上课开小差同学的"面子"，又可以保证课堂纪律与效率呢？能不能通过什么方式委婉、不动声色地提醒开小差的同学呢？

很多同学都会带电话手表来学校，以便在课后与父母联系。能不能将课堂提醒的功能也集成到电话手表里呢？当有同学开小差时，老师通过讲台上与同学名字对应的遥控器，去控制该同学的手表轻轻振动，就可以悄悄地提醒他要专心听讲了。

在本节中，我们将设计一个可以通过讲台上的遥控器控制振动的手表，并给它取名为"'给面子'的 C-Watch"。作品成品如图 3-1 所示。

图3-1 "给面子"的C-Watch成品

3.1 任务描述

本作品利用 3D 打印技术来设计制作手表的外形，并在里面安装一个微型振动模块。遥控器上的每个按键与同学的名字一一对应，当按下遥控器上某个按键后，与之对应的手表就会轻轻振动几秒，这样就可以提醒佩戴该手表的同学了。同时，为了方便戴在手上使用，我们还需要在手表里面安装锂电池与充电模块。

3.2 草图设计

"给面子"的 C-Watch 的设计草图如图 3-2 所示。

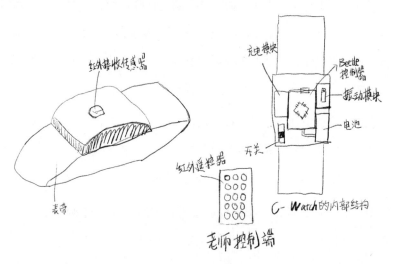

图 3-2 "给面子"的 C-Watch 的设计草图

3.3 搭建电路

3.3.1 所需的元件

根据设计思路，准备好制作 C-Watch 所需的元件，如表 3-1 所示。

表3-1 制作"给面子"的C-Watch所需的元件

元件图片	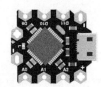	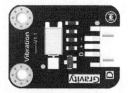	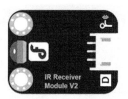
名称	Beetle 控制器	微型振动模块	红外接收模块
数量	1块	1个	1个
说明	兼容 Arduino Leonardo，用于烧写程序，编程时注意选择 Arduino Leonardo 主控板类型。体积只有硬币大小，方便应用于体积较小的作品	连接到Beetle控制器的D9管脚	连接到 Beetle 控制器的 D10管脚
元件图片		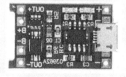	
名称	红外遥控器	锂电池充电模块	拨动开关
数量	1个	1块	1个
说明	发送红外信号，控制手表上的振动模块的振动	OUT+ 端连接拨动开关，OUT− 端连接5V升降压模块的VI− 端	中间引脚接5V升降压模块的VI+ 端，两端管脚任选一端接锂电池充电模块的OUT+ 端
元件图片		锂电池	
名称	5V升降压模块	3.7V锂电池	
数量	1个	1块	
说明	VO+ 端连接Beetle控制器的 + 级，VO− 端连接 Beetle 控制器的 − 级	电池 + 级接锂电池充电模块的B+端，电池 − 级接锂电池充电模块的B− 端	

3.3.2 线路连接

为了方便编写程序，我们先设计 C-Watch 的电路连接关系。将红外接收模块接到 Beetle 主控板的 D10 管脚，将微型振动模块接到 D9 管脚，将 3.7V 锂电池、锂电池充电模块、5V 升降压模块和拨动开关分别按照电路原理图（见图 3-3）连接。其中，5V 升降压模块用于将 3.7V 锂电池升压到 Beetle 主控板所需的 5V，以给主控板稳定供电。

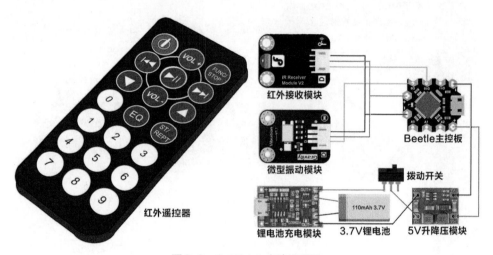

红外遥控器

红外接收模块

微型振动模块

Beetle主控板

拨动开关

锂电池充电模块　　3.7V锂电池　　5V升降压模块

图3-3　C-Watch电路原理图

3.4　编写程序

3.4.1　工作流程

在编写程序之前，我们先来梳理思路，设计出图 3-4 所示的程序流程图。

为了检测 C-Watch 的开机状态，我们先打开 C-Watch 的开机指示灯，也就是 Beetle 主控板上自带的 LED 灯。接着去检测是否接收到红外信号，如果能接收到，再去判断该信号是否与自己对应。如果信号对应，就通过重复振动 5 次来提醒开小差的同学。

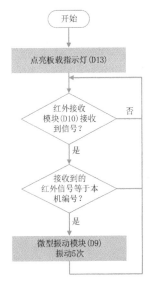

图3-4　C-Watch 的程序流程图

3.4.2　编写程序（Mixly版）

根据流程图，当 Beetle 主控板通电时，先点亮 C-Watch 的工作指示灯。Beetle 主控板的 13 管脚有一盏自带的 LED 灯，可以作为指示灯。因此，在初始化程序中，我们将 13 管脚设为高电平，程序如图 3-5 所示。

接着开始接收红外信号，从 Mixly 通信类别中拖出一个"红外接收"模块。由于我们将红外接收模块连接到 Beetle 主控板的 D10 管脚，因此在 Mixly 程序中将"红外接收"模块的管脚号相应地修改为"10"，如图 3-6 所示。

图3-5　点亮 C-Watch 开机指示灯

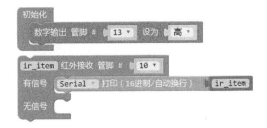

图3-6　红外信号接收程序

红外遥控器上每个按键都对应一个红外键值（或称为红外编码），具体的红外键值可以通过查询产品手册获得，也可以通过图 3-6 所示的程序，从串口监视器中读取得到。

上传程序，打开 Mixly 软件界面右下角的串口监视器，将红外遥控器对准红外接收模块，依次按下红外遥控器上的按键，可以从串口监视器中读取到每一个按键对应的红外编码，如图 3-7 所示。

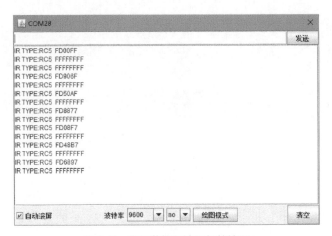

图 3-7　串口监视器读取红外编码

本案例中使用的红外遥控器和对应的红外键值如图 3-8 所示。

遥控器按键	键值
红色按键	0xFD00FF
VOL+	0xFD807F
FUNC/STOP	0xFD40BF
|<<	0xFD20DF
>||	0xFDA05F
>>|	0xFD609F
V	0xFD10EF
VOL-	0xFD906F
^	0xFD50AF
0	0xFD30CF
EQ	0xFDB04F
ST/REPT	0xFD708F
1	0xFD08F7
2	0xFD8877
3	0xFD48B7
4	0xFD28D7
5	0xFDA857
6	0xFD6897
7	0xFD18E7
8	0xFD9867
9	0xFD58A7

图 3-8　红外遥控器与对应的红外键值

如果接收到红外信号，需要去判断接收到红外信号是否为该 C-Watch 对应的信号。如果匹配，则让连接到 Beetle 主控板 D9 管脚上的微型振动模块连续振动 5 次。假设 C-Watch 对应的学号为"1"，也就是说，当红外遥控器上的按键 1 被按下时，对应学号为"1"的 C-Watch 就会振动。通过查询图 3-8 可知，按键 1 对应的红外键值为"0xFD08F7"。在"红外接收"模块的"有信号"参数模块中编写判断程序，C-Watch 完整的 Mixly 程序如图 3-9 所示。

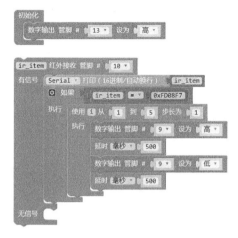

图3-9 C-Watch完整的Mixly程序

3.4.3 编写程序（Mind+版）

首先，我们要根据作品选择对应的主控板及传感器。单击 Mind+ 软件界面左下角的"扩展"图标。由于 Beetle 控制器兼容 Arduino Leonardo，因此需要选择"Leonardo"主控板，如图 3-10 所示。

图3-10 选择主控板

在"通信模块"类别中选择"红外接收模块"，如图 3-11 所示。

图3-11　选择通信模块

根据流程图，当 Beetle 主控板通电时，先点亮 C-Watch 的工作指示灯。Beetle 主控板的 D13 管脚处有一盏自带的 LED 灯，可用作指示灯。因此，在初始化程序中，将 D13 管脚设为"高电平"，如图 3-12 所示。

接着开始接收红外信号。在 Mind+ 程序中，相应地将"红外接收"模块的管脚号改为"3"，如图 3-13 所示。

图3-12　点亮C-Watch开机指示灯

图3-13　红外信号接收程序

注意

截至本书出版时，在 Arduino Leonardo 主控板模式下，要从 Mind+ 软件中读取红外编码值，只能选择 D0、D1、D2、D3、D7 这几个管脚，而本项目中为了教学方便以及降低学生焊接难度，红外接收模块实际连接在 Beetle 主控板的 D10 管脚，所以程序中选择 D3 管脚并未与实际电路接线对应。

事实上，Beetle 主控板背面的 RX（D0）、TX（D1）、SDA（D2）、SCL（D3）等几个管脚，是可以与程序中提供的管脚一一对应的，只是焊接相对较难。

红外遥控器上的每个按键都对应一个红外键值（或称为红外编码）。具体的红外键值可以通过查询产品手册获得，也可以通过图 3-13 所示的程序，从串口监视器中读取。

上传程序，打开 Mind+ 软件界面右下角的串口监视器，将红外遥控器对准红外接收模块，然后依次按下红外遥控器上的按键，可以从串口监视器中读取到每一个按键对应的红外编码，如图 3-14 所示。注意，与 Mixly 中稍有不同的是，从 Mind+ 中读取的红外编码没有前缀 "0x"。本案例中所用的红外遥控器和对应的红外键值在上文中作了说明，可直接参阅图 3-8。

如果接收到红外信号，需要判断其是否为该 C-Watch 对应的信号。如果对应，则让连接到 Beetle 主控板 D9 管脚上的微型振动模块连续振动 5 次。假设 C-Watch 对应的学号为 "1"，也就是说，当红外遥控器上的按键 "1" 被按下时，对应学号为 "1" 的 C-Watch 就会振动。通过查询图 3-8 可知，按键 "1" 对应的红外键值为 "FD08F7"。当检测到有红外信号时，编写判断程序。C-Watch 完整的 Mind+ 程序如图 3-15 所示。

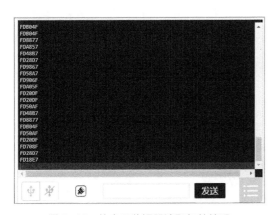

图3-14　从串口监视器读取红外编码

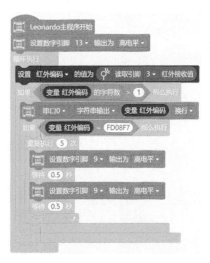

图3-15　C-Watch完整的Mind+程序

3.5 结构搭建

3.5.1 材料准备

准备好制作 C-Watch 手表的其他材料，如表 3-2 所示。

表 3-2 制作"给面子"的 C-Watch 的材料

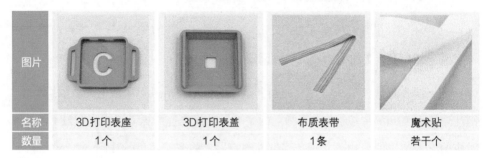

图片				
名称	3D打印表座	3D打印表盖	布质表带	魔术贴
数量	1个	1个	1条	若干个

3.5.2 元器件加工处理

由于 C-Watch 外壳的整体空间比较小，而红外接收模块与微型振动模块的 PH2.0 防反接接口体积又比较大，为了能将这两个元器件安装进 C-Watch 外壳内，需要用电烙铁拆除它们的 PH2.0 防反接接口，并在对应位置焊接上导线，方便后续连接。

为了接线容易区分，我们分别用绿线、红线、黑线代表信号线（D）、电源线（VCC）、地线（GND），如图 3-16 和图 3-17 所示。

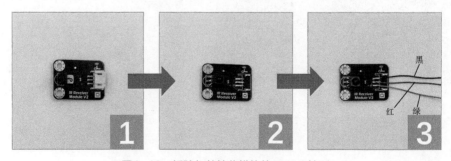

图 3-16 拆除红外接收模块的 PH2.0 接口

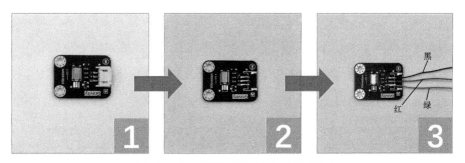

图3-17 拆除微型振动模块的PH2.0接口

3.5.3 电路连接

接下来，我们开始连接 C-Watch 电路。先将锂电池的正、负极分别与锂电池充电模块的 B+、B- 端相连；然后在锂电池充电模块的 OUT+ 端焊接上拨动开关，注意焊接时把拨动开关波动到关闭状态；最后将 5V 升降压模块的 VI+ 端与拨动开关的另一端相连，VI- 端与锂电池充电模块的 OUT- 端相连。至此，电源电路焊接完毕，整个过程如图 3-18 所示。

图3-18 焊接电源电路

接下来，将电源电路与主控板相连。将 5V 升降压模块的 VO+、VO- 端分别与 Beetle 主控板的 +、- 端口相连。注意：焊接时，要将拨动开关拨到关闭状态，使电路断电，以免在焊接过程中发生短路。焊接完毕后，打开电源开关，测试电路是否正常。如果 Beetle 主控板上标有 "L" 的 LED 变亮，则说明电路正常，如图 3-19 所示。如果 LED 没有变亮，则说明电路可能有问题，请立即关闭开关，在老师的指导下进行电路测试。

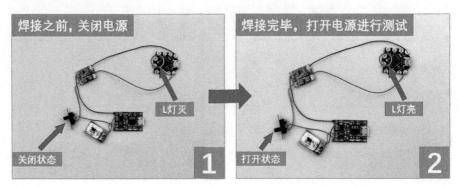

图3-19 测试电源电路

最后，焊接传感器模块。根据电路图，将红外接收模块和微型振动模块的信号脚分别与 Beetle 主控板的 D10、D9 端口相连，将两个模块的电源分别与 Beetle 主控板的电源端口相连，如图 3-20 所示。

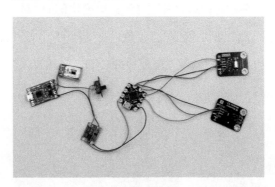

图3-20 焊接红外接收模块与微型振动模块

▶ 3.5.4 外壳安装

测试完程序之后，将所有元器件安装进 C-Watch 的表壳中。

首先将锂电池充电模块、锂电池、拨动开关、微型振动模块安装到表座上，并用些许热熔胶固定。然后将红外接收模块安装到表盖上，同样用热熔胶固定（注意：将红外接收模块的红外探头伸出表盖中间的方孔中），如图3-21所示。

图3-21 元器件安装

然后固定5V升降压模块与主控板。为了避免电子元器件之间因互相触碰发生短路，在安装这两个模块时，分别在它们表面包上一层纸或其他绝缘材料，安装位置如图3-22所示。

图3-22 主控板安装

最后将表座与表盖合上，正反面效果如图3-23所示。表座上有一个大写的C，代表"C-Watch"之意。

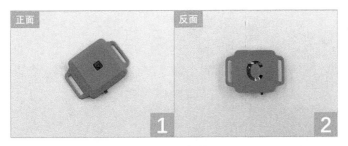

图3-23 C-Watch机体正反面示意

▶ 3.5.5　表带设计

为了方便佩戴，我们给 C-Watch 设计一条表带。准备好图 3-24 所示的类似布质的表带材料，将其固定在 C-Watch 的表带固定孔上，并在表带两端用订书机固定上一小段魔术贴，方便佩戴。最终成型的 C-Watch 如图 3-25 所示。

图3-24　表带材料　　　　　　　　　图3-25　C-Watch成品图

3.6　效果演示

请扫描右侧的二维码，观看完整的演示效果。

扩展与提高

　　想一想，能不能给这个手表增加一项学生开小差次数统计的功能？开小差次数越多，收到提醒的次数越多，相应地，让手表振动的强度越高，振动的时间越长。

第4章

减肥沙发

沙发是人们生活中常见的家具。在结束一天忙碌的工作回到家后，很多人喜欢瘫坐在沙发上缓解疲劳。但对于体重超标的人来说，如果长时间窝在沙发里，缺少运动，是不利于减肥的。

在本节中，我们将设计一个减肥沙发作品，通过在沙发里安装重量传感器，督促超重的家人适时地去参加体育锻炼，以保持身体健康。作品成品如图 4-1 所示。

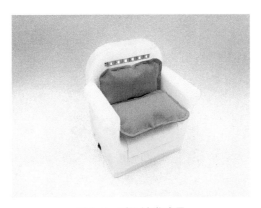

图4-1　减肥沙发成品

4.1　任务描述

利用 3D 打印技术设计一个沙发的外形，将重量传感器和振动马达安装在沙发坐垫下，将 LED 灯带安装在沙发靠垫上，将语音模块和无源音箱小喇叭安装在沙发后背上。当检测到有人坐下时，会立即对他称重，如果检测到重量超标，振动马达就会振动，提醒他不要舒服地坐在上面，同时，灯带会显示超重指数，无源音箱小喇叭会播放督促运动的语音提示。通过三重有效提示，督促大家保持健康的身材。

4.2 草图设计

减肥沙发的设计草图如图 4-2 所示。

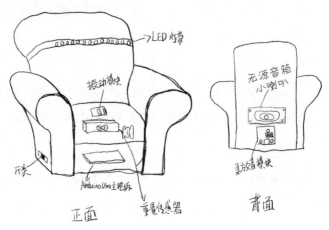

图 4-2　减肥沙发的设计草图

4.3 搭建电路

4.3.1 所需的元件

根据设计思路，准备好制作减肥沙发所需的元件，如表 4-1 所示。

表 4-1　制作减肥沙发所需的元件

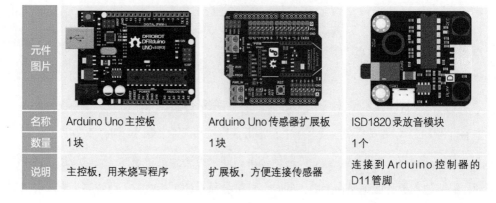

元件图片			
名称	Arduino Uno 主控板	Arduino Uno 传感器扩展板	ISD1820 录放音模块
数量	1块	1块	1个
说明	主控板，用来烧写程序	扩展板，方便连接传感器	连接到 Arduino 控制器的 D11 管脚

元件图片	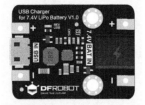		
名称	WS2812 RGB LED 灯带	锂电池充电模块	拨动开关
数量	1条	1块	1个
说明	连接到 Arduino 控制器的 D6 管脚	+端连接拨动开关，-端连接 Arduino 扩展板 PWR_IN 电源-端	中间引脚接锂电池充电模块+端，两端管脚任选一端接 Arduino 扩展板 PWR_IN 电源+端

元件图片	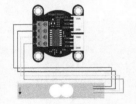		
名称	重量传感器	微型振动模块	无源音箱小喇叭
数量	1个	1个	1个
说明	DOUT 引脚连接到 Arduino 控制器的 A2 管脚，SCK 引脚连接到 Arduino 控制器的 A3 管脚	连接到 Arduino 控制器的 D2 管脚	连接到录放音模块的 SPK1 端口

元件图片			
名称	7.4V 锂电池		
数量	1块		
说明	连接到锂电池充电模块的 BAT IN 端口		

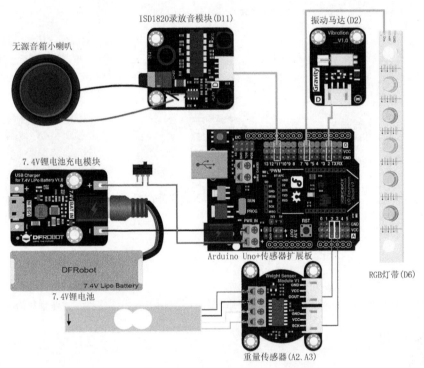

4.3.2 线路连接

为了方便编写程序，我们先设计减肥沙发的电路连接关系。将录放音模块接到 Arduino 主控板的 D11 管脚，将 RGB 灯带接到 D6 管脚，将振动马达接到 D2 管脚，将重量传感器接到 A2、A3 管脚。将无源音箱小喇叭接到录放音模块上，将锂电池接在充电模块上，并将充电模块的正负极分别与 Arduino 扩展板上 PWR_IN 的正负极连接，如图 4-3 所示。

图 4-3　减肥沙发的电路连线

4.4　编写程序

4.4.1　工作流程

在写程序之前，我们先梳理思路，设计出程序流程图，如图 4-4 所示。

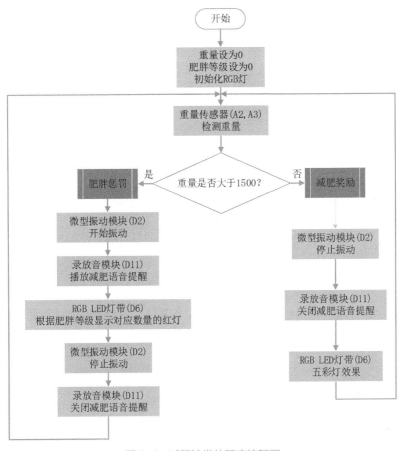

图4-4 减肥沙发的程序流程图

4.4.2 编写程序（Mixly版）

接下来，我们开始正式编写程序。首先在初始化中声明两个变量："重量"和"肥胖等级"。"重量"变量用来存放重量传感器获取到的数值，"肥胖等级"变量用来根据重量判断肥胖的程度。另外，还需要初始化 RGB LED 灯，如图 4-5 所示。

接着定义两个函数："减肥奖励"和"肥胖惩罚"。当重量传感器检测到的体重小于设定的阈值时，就会执行"减肥奖励"函数，

图4-5 减肥沙发的初始化程序

它会控制振动马达停止振动，关闭减肥提醒语音，并控制RGB LED灯带亮起彩灯，如图 4-6 所示。

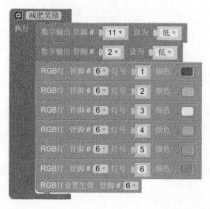

图4-6　"减肥奖励"函数

如果重量传感器检测到的体重大于设定的阈值，就会执行"肥胖惩罚"函数。它会控制振动马达振动，开启减肥提醒语音，并根据检测到的重量判定肥胖等级，然后根据不同等级显示不同数量的红灯，如图 4-7 所示。

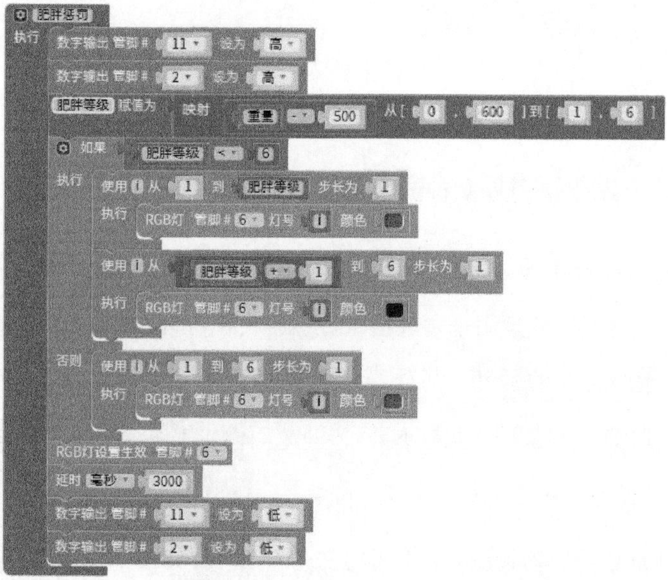

图4-7　"肥胖惩罚"函数

在主程序中，不断通过重量传感器去检测体重。由于此作品是基于模拟场景，因此检测到的体重并非真实体重，此处以"500"为阈值，如果体重超过500，就执行"肥胖惩罚"函数，否则执行"减肥奖励"函数，如图4-8所示。

图4-8　减肥沙发的主程序

减肥沙发完整的 Mixly 程序如图4-9所示。

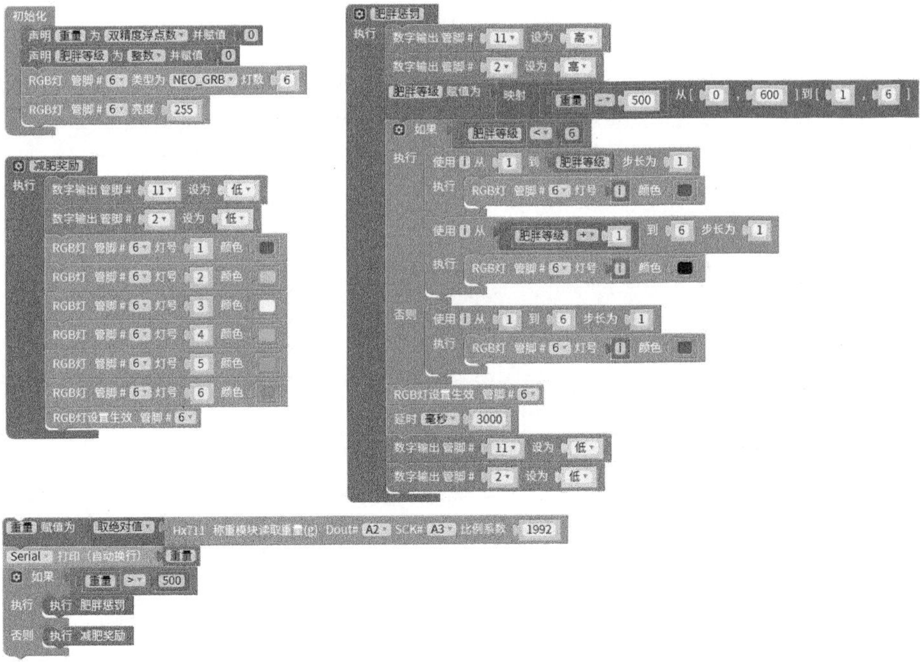

图4-9　减肥沙发完整的Mixly程序

4.4.3 编写程序（Mind+版）

首先，我们要根据作品选择好对应的主控板及传感器。单击 Mind+ 软件界面左下角的"扩展"图标，在"主控板"类别中选择"Arduino Uno"，如图 4-10 所示。

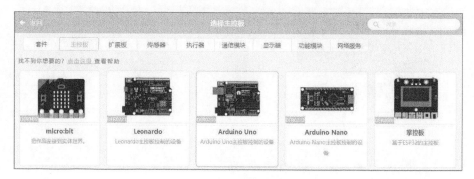

图 4-10　选择主控板

在"传感器"类别中选择"Hx711 重量传感器"，如图 4-11 所示。

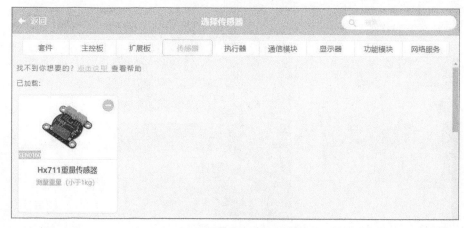

图 4-11　选择传感器

在"显示器"类别中选择"WS2812 RGB 灯"，如图 4-12 所示。

根据流程图，首先在初始化中声明两个变量："重量"和"肥胖等级"（同 4.4.2 节所述）。另外，还需要初始化 RGB LED 灯，并设定重量传感器的校准值，如图 4-13 所示。

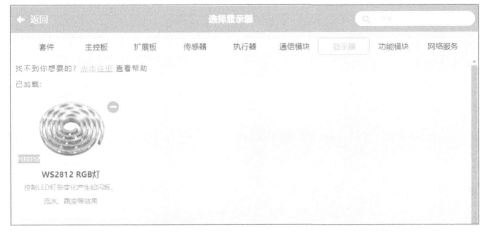

图4-12　选择显示器

图4-13　减肥沙发的初始化程序

接着定义两个函数："减肥奖励"和"肥胖惩罚"。同样，如果重量传感器检测到的体重小于设定的阈值，就会执行"减肥奖励"函数，它会控制振动马达停止振动，关闭减肥提醒语音，并控制 RGB LED 灯带亮起彩灯，如图 4-14 所示。

如果重量传感器检测到的体重大于设定的阈值，就会执行"肥胖惩罚"函数。它会控制振动马达振动，开启减肥提醒语音，并根据检测到的重量判定肥胖等级，然后根据等级的不同显示不同数量的红灯，如图 4-15 所示。这里需要注意的是，在 Mind+ 软件中，RGB 灯带编号是从 0 开始计数的；而在 Mixly 软件中，RGB 灯带编号是从 1 开始计

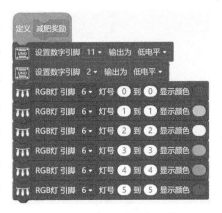

图4-14　"减肥奖励"函数

数的。为了让肥胖等级与灯带编号对应，两处的肥胖等级编号设定是不一样的。用 Mixly 软件编写程序时，肥胖等级编号是从 1 ～ 6；而用 Mind+ 软件编写程序时，肥胖等级编号是从 0 ～ 5。

图4-15　"肥胖惩罚"函数

在主程序中，不断通过重量传感器去检测体重。由于此减肥沙发作品是基于模拟场景，因此检测到的体重并非真实体重，此处仍以"500"作为阈值，如果体重超过 500，就执行"肥胖惩罚"函数，否则执行"减肥奖励"函数，如图4-16 所示。

图4-16　减肥沙发主程序

减肥沙发完整的 Mind+ 程序如图 4-17 所示。

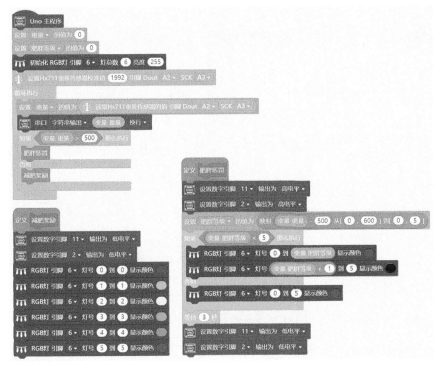

图 4-17　减肥沙发完整的 Mind+ 程序

4.5　结构搭建

4.5.1　材料准备

准备好制作减肥沙发的其他材料，如表 4-2 所示。

表 4-2　减肥沙发制作材料

图片	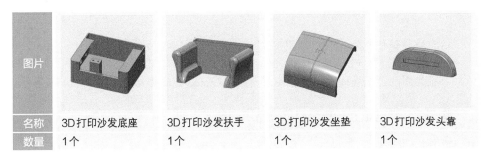			
名称	3D打印沙发底座	3D打印沙发扶手	3D打印沙发坐垫	3D打印沙发头靠
数量	1个	1个	1个	1个

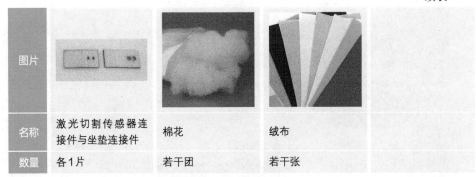

图片			
名称	激光切割传感器连接件与坐垫连接件	棉花	绒布
数量	各1片	若干团	若干张

▶ 4.5.2 制作过程

作品中用到的传感器元件可以通过一个沙发模型来固定和安装，该装置可以通过 3D 建模来完成，如图 4-18 所示。

先将重量传感器安装到激光切割传感器连接件上。注意：重量传感器边上有安装方向指示箭头，不要装反了，如图 4-19 所示。

图4-18 减肥沙发模型

图4-19 将重量传感器安装到激光切割
传感器连接件上

接着将重量传感器安装到沙发底座上，用螺丝拧紧，如图 4-20 所示。

将激光切割坐垫连接件与重量传感器连接在一起，用螺丝拧紧，如图 4-21 所示。

将开关、锂电池充电模块根据电路图焊接在一起，并将 7.4V 锂电池连接到充电模块上，如图 4-22 所示。

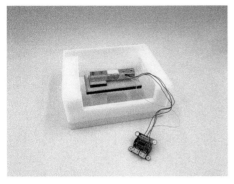

图4-20 将重量传感器安装到沙发底座上

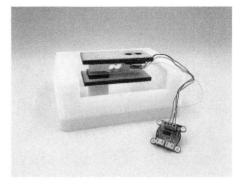

图4-21 将激光切割坐垫连接件与重量传感器连接在一起

将灯带焊接上导线，并撕开灯带后面的双面胶，将其粘贴到 3D 打印沙发头靠上，如图 4-23 所示。

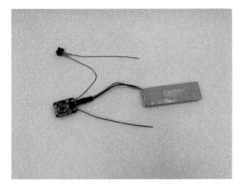

图4-22 连接电源电路

图4-23 安装灯带

将无源音箱小喇叭固定到 3D 沙发扶手结构的后面，如图 4-24 所示。沙发扶手后面的孔洞就是为安装喇叭设计的，涂上少许热熔胶将其固定即可。

将沙发扶手和沙发头靠用胶水粘在一起，如图 4-25 所示。

在沙发上底座上固定 Arduino 主控板、充电模块、录放音模块、锂电池、开关等，并按照电路图接线，如图 4-26 所示。

在沙发坐垫反面用热熔胶固定振动模块。注意：将其安装在坐垫边缘上，以防与下面的重量传感器位置冲突，如图 4-27 所示。

图4-24　安装喇叭

图4-25　连接沙发扶手和头靠

图4-26　在沙发底座上连接元器件

图4-27　在沙发坐垫上连接振动模块

　　将沙发坐垫与激光切割坐垫连接件用胶水固定到一起，并将沙发靠垫上的元器件根据电路图与 Arduino 主控板连接在一起，如图 4-28 所示。

　　将沙发扶手与沙发底座连接到一起，并用胶水固定，整个减肥沙发就组装完成了，成品如图 4-29 所示。

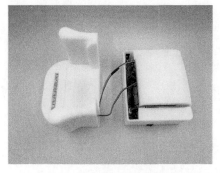

图4-28　固定坐垫与连接电路

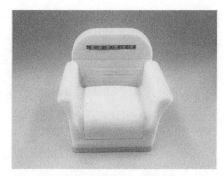

图4-29　减肥沙发成品图

还可以用尼龙布和棉花团制作两个软垫，用来装饰沙发，如图4-30所示。

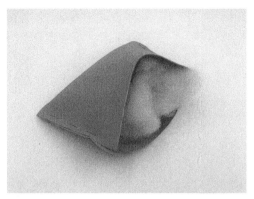

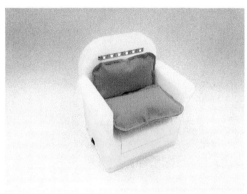

图4-30　用软垫装饰减肥沙发

4.6　效果演示

　　在不同的体重压力下，减肥沙发头靠上的灯带会显示不同的颜色，正常体重的人坐上去或没有人坐在上面时会显示彩灯，不同肥胖等级显示不同数目的红灯，如图4-31所示。我们使用了几个不同颜色的3D打印机器人模型，打印时分别设置不同的打印填充率，使它们的重量不同。其中白色的机器人模型最轻，坐上去时显示彩灯；蓝色机器人重一些，坐上去显示2颗红灯；黑色机器人最重，坐上去显示5颗红灯。

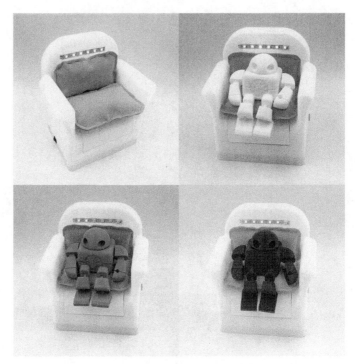

图4-31　减肥沙发效果演示

请扫描右侧的二维码，观看完整的演示效果。

扩展与提高

　　男生和女生的体重差异比较大，成年人和孩子的体重差异也是比较大的。针对不同的人，肥胖的指标是不一样的。有没有什么办法可以识别出沙发上坐的人的不同，从而用不同的标准去提示减肥呢？

第 5 章

体感骑行转向帽

互联网改变了我们衣食住行的方方面面，现在我们可以很方便地用手机点外卖，然后就可以等着享受美食了。但是这种便捷也带来一些新的问题，比如随着我们点外卖的日益频繁，路上送外卖的电动车越来越多，而且速度都很快，难免发生一些危险，比如由于后方的电动车不知道前方自行车或电动车的行车方向，来不及刹车追尾相撞等。其实不仅是送外卖时由于骑行太快会发生危险，很多人骑车时也会遇到这样类似的情况：前方的自行车或电动车突然转弯或刹车，使得后面的车辆来不及躲避。

根据这个情况，我们联想到：汽车有转向灯，可以让后方车辆知道何时要转向，但自行车没有转向灯，后方车辆和行人无法及时判断前方自行车的行车方向。有没有办法去解决这个问题呢？目前的自行车设计已经比较固定，全部进行改造几乎不太可能，所以只能通过其他方式来实现信息的传递。联想到我们骑车时要带安全头盔，能不能把转向提醒功能集成到安全头盔上呢？在本节中，我们将设计一个可以传达转向信息的"体感骑行转向帽"。作品成品如图 5-1 所示。

图5-1　体感骑行转向帽成品

5.1　任务描述

在普通的骑行安全头盔上进行改装，利用倾斜传感器检测骑行者的头的倾斜方向，利用 LED 灯带来实现转向灯提醒功能。当骑行者的头微微向左倾斜时，左边的灯带红光闪烁；当骑行者的头微微向右倾斜时，右边的灯带红光闪烁；当骑行者的头不倾斜时，两边的灯带显示绿光，表示正常前进。通过灯光变化，后面的人就可以知道前方骑行者接下来的动向。信息传达得越及时准确，交通事故发生的概率就越低。

为了提高实用性，我们还可以在帽子上加上照明灯功能，便于晚上出行。

5.2　草图设计

体感骑行转向帽的设计草图如图 5-2 所示。

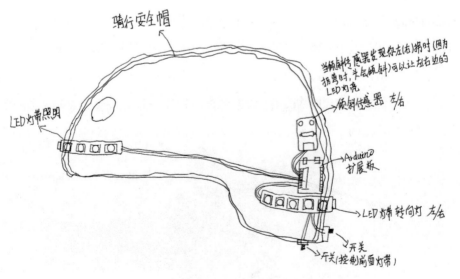

图 5-2　体感骑行转向帽的设计草图

5.3 搭建电路

5.3.1 所需的元件

根据设计思路，准备好制作体感骑行安全头盔所需的元件，如表 5-1 所示。

表 5-1 制作体感骑行转向帽所需的元件

元件图片	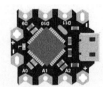		
名称	Beetle 控制器	倾斜传感器	自锁按钮
数量	1块	2个	1个
说明	兼容 Arduino Leonardo，编程时注意选择 Arduino Leonardo 主控板类型。体积只有硬币大小，方便应用于一些体积比较小的项目	分别连接到 Beetle 控制器的 D10、D11 管脚	连接到 Beetle 控制器的 D9 管脚
元件图片			锂电池
名称	WS2812 RGB LED 灯带	开关	3.7V 锂电池
数量	3条	1个	1块
说明	分别连接到 Beetle 控制器的 A0、A1 和 A2 管脚	中间引脚接锂电池＋极，两端引脚任选一端接 5V 升降压模块的 VI+ 端	锂电池＋级接开关中间引脚，电池－级接 5V 升降压模块的 VI－端

元件图片	5V升降压模块
名称	5V升降压模块
数量	1个
说明	VO+端连接 Beetle 控制器的＋级，VO－端连接 Beetle 控制器的－级

为了方便编写程序，我们先设计体感骑行转向帽的电路原理图，如图 5-3 所示。将自锁按钮模块接到 Beetle 主控板的 D9 管脚，将左边的倾斜传感器接到 D10 管脚，将右边的倾斜传感器接到 D11 管脚，将前方的照明灯带接到 A0 管脚，将左边的灯带接到 A1 管脚，将右边的灯带接到 A2 管脚。将 3.7V 锂电池、5V 升降压模和拨动开关分别按照图 5-3 所示的电路图连接。其中 5V 升降压模块的功能是将 3.7V 锂电池升压到 Beetle 主控板所需的 5V，以给主控板稳定供电。

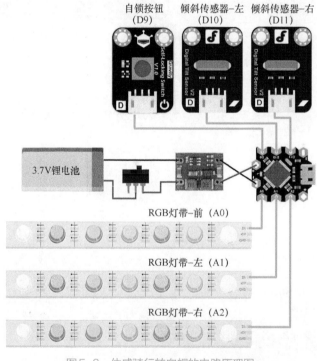

图5-3 体感骑行转向帽的电路原理图

提示

为了绘制方便和保持电路图清晰，我们在电路原理图中省略了 Beetle 主控板的扩展板以及传感器与执行器的正负极接线。

5.4 编写程序

5.4.1 工作流程

在编写程序之前，我们先梳理思路，设计出程序流程图，如图 5-4 所示。

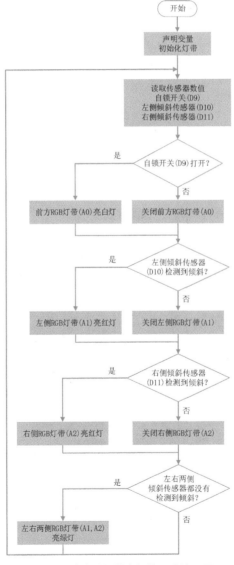

图5-4 体感骑行转向帽的程序流程图

骑行时，使用者戴着这顶安全帽，当检测到照明开关被打开时，前部照明灯亮起；当检测到头向左倾斜时，左侧转向灯亮红灯，表示向左侧转向；当检测到头向右倾斜时，右侧转向灯亮红灯，表示向右侧转弯；当头没有向两边倾斜时，左右两侧都亮绿灯。

▶ 5.4.2 编写程序（Mixly 版）

接下来，我们开始正式编写程序。打开 Mixly 软件，先对倾斜传感器、照明开关和灯带做初始化设置，如图 5-5 所示。

然后编写几个函数，分别用来控制灯带亮灭的各种情况。这些函数为"左转灯带亮""左转灯带灭""右转灯带亮""右转向灯带灭""照明灯亮""照明灯灭"和"直行绿灯"，如图 5-6 所示。

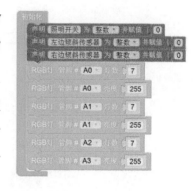

图5-5 初始化设置

图5-6 编写灯带亮灭颜色变化的程序

在主程序部分，先去读取照明开关和倾斜传感器的值。注意：在读取"左边倾斜传感器"的值时，加了一个"非"，这是跟倾斜传感器安装的方向有关，由于两个倾斜传感器是对称安装的，因此当头分别向两边倾斜时，两个倾斜传感器读取到的数值是相反的。而当头向左倾斜时，左边倾斜传感器读取到的值是"低"，所以为了方便后面判断，在读取值时加了个"非"，如图5-7所示。

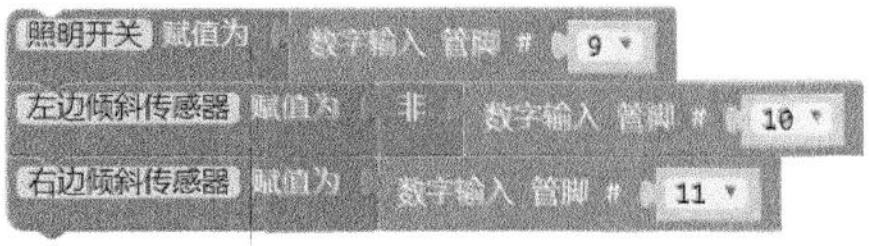

图5-7　读取倾斜传感器与照明开关传感器的值

然后根据程序流程图，利用读取到的传感器数值，对灯带进行控制。注意：每次转向时，转向灯只有一边闪烁提醒，这个时候要记得关闭另一边灯带，否则两边灯都亮，容易造成混淆，如图5-8所示。

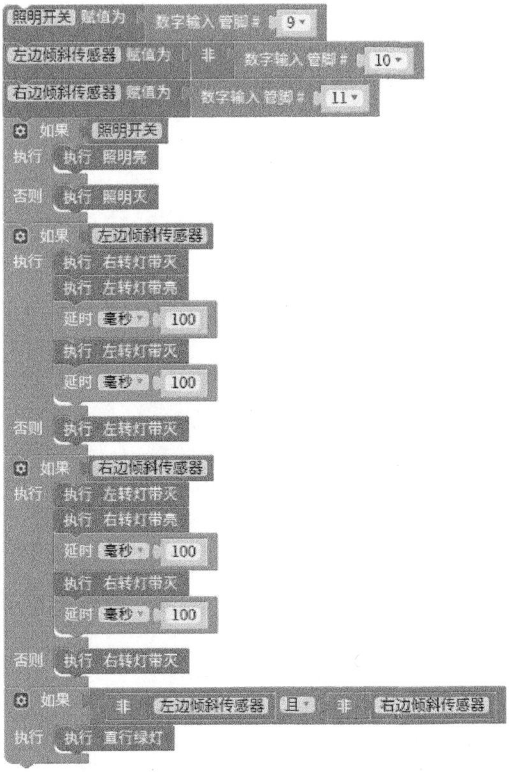

图5-8　根据传感器的值控制灯带的亮灭颜色变化

体感骑行转向帽完整的 Mixly 程序如图 5-9 所示。

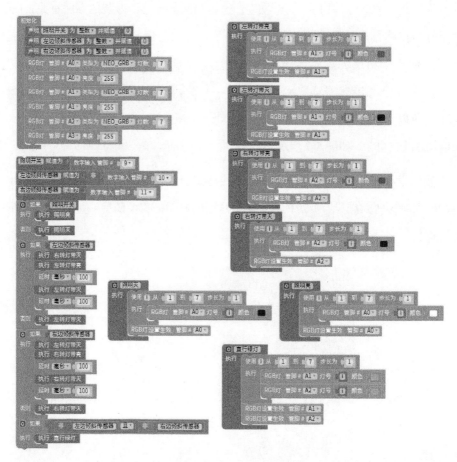

图5-9　体感骑行转向帽完整的Mixly程序

5.4.3　编写程序（Mind+版）

首先，我们要根据作品选择好对应的主控板及传感器，单击 Mind+ 软件界面左下角的"扩展"图标。由于 Beetle 控制器兼容 Arduino Leonardo，因此需要在"主控板"类别中选择"Leonardo"，如图 5-10 所示。

在"传感器"类别中添加"数字钢球倾角传感器"，如图 5-11 所示。

在"显示器"类别中选择"WS2812 RGB 灯"，如图 5-12 所示。

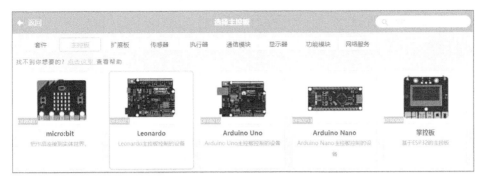

图5-10　选择主控板

图5-11　选择传感器

图5-12　选择显示器

接下来，开始正式编写程序。先对倾斜传感器、照明开关和灯带的参数做初始化设置，如图 5-13 所示。

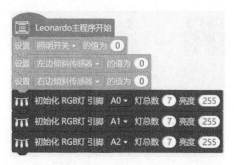

图5-13　初始化设置

然后编写几个函数，分别用来控制灯带亮灭的各种情况。同样，这些函数为"左转灯带亮""左转灯带灭""右转灯带亮""右转灯带灭""照明灯亮""照明灯灭"和"直行绿灯"，如图 5-14 所示。

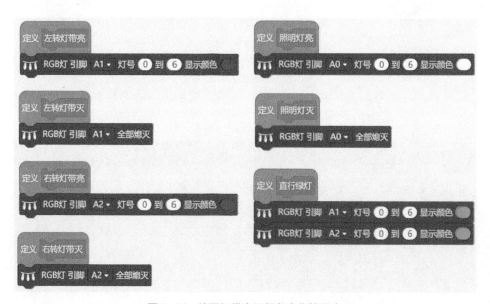

图5-14　编写灯带亮灭颜色变化的程序

在主程序部分，先去读取照明开关和倾斜传感器的值。此处的设置原理与图 5-7 的原理一致，故不再赘述。界面显示的程序如图 5-15 所示。

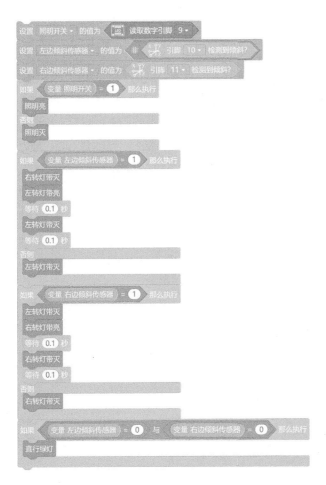

图5-15 读取倾斜传感器与照明开关传感器的值

同样，接下来根据程序流程图，利用读取到的传感器数值对灯带进行控制。也要注意每次转向时，转向灯只有一边闪烁提醒，切记要关闭另一边的灯带，否则两边灯都亮，容易造成混淆，如图 5-16 所示。

图5-16 根据传感器的值控制灯带的亮灭颜色变化

体感骑行转向帽完整的 Mind+ 程序如图 5-17 所示。

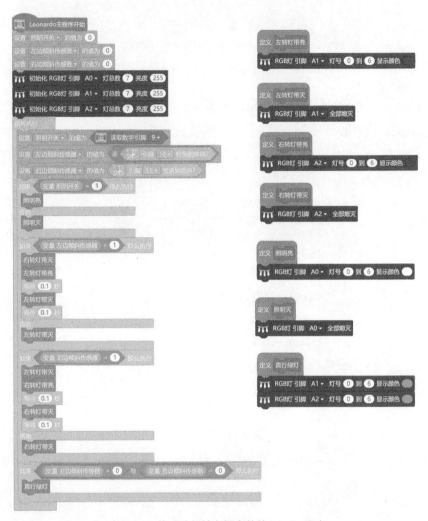

图 5-17　体感骑行转向帽完整的 Mind+ 程序

5.5　结构搭建

5.5.1　材料准备

准备好制作体感骑行转向帽的其他材料，如表 5-2 所示。

表 5-2 　制作体感骑行转向帽的材料

图片	![骑行安全头盔]
名称	骑行安全头盔
数量	1个
说明	可以购买市面上常用的塑料骑行安全头盔

▶ 5.5.2　固定灯带

首先，我们来改装安全头盔。如果让元器件和线材都裸露在外面，既不美观、又不安全，所以应该把材料都隐藏到安全头盔里。安全头盔里有一层很厚的塑料泡沫，如果割下其中的一小块，把元器件都藏在里面，就可以很好地解决这个问题了。

切割塑料泡沫的时候，千万要小心，以免划伤手指。同时，因为切割下来的塑料泡沫后面还有用处，所以请保持形状完整，如图 5-18 所示。

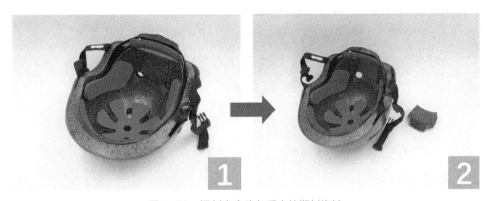

图5-18　切割安全头盔后方的塑料泡沫

接下来，我们将两条 WS2812 RGB 灯带对称粘到安全头盔的后面，将导线穿过安全头盔后面的两个孔，隐藏到安全头盔里面，如图 5-19 所示。为了防止灯带脱落，可以适当涂点热熔胶加以固定。这两条灯带可以起到左右转向灯的作用。

将剩下的第 3 条灯带粘贴到安全头盔前方。同样，将导线穿过安全头盔前方的孔，隐藏到安全头盔里面，适当涂点热熔胶固定，如图 5-20 所示。这条灯带是用来照明的。

图 5-19　安装转向灯灯带　　　　　图 5-20　安装照明灯灯带

▶ 5.5.3　安装倾斜传感器

接下来安装倾斜传感器。还记得前面的步骤中，安全头盔后面的塑料泡沫切了一个小口子吗？我们分别将两个倾斜传感器安装到这个缺口的两端，用热熔胶固定，如图 5-21 所示。注意：请保持两个传感器分别向两端倾斜。我们可以通过调整这两个传感器的倾斜程度来调整自动转向灯的灵敏度。

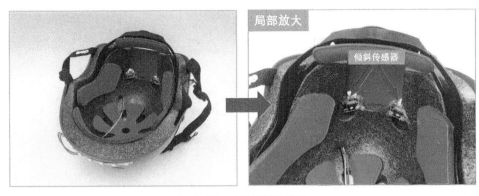

图5-21　安装倾斜传感器

▶ 5.5.4　电路连接

根据电路原理图，将各个元器件连接到 Beetle 主控板对应的管脚上。电路连接完成后，效果如图 5-22 所示。

图5-22　电路连接

▶ 5.5.5　整理固定

将 Beetle 主控板、扩展板和锂电池用热熔胶固定到安全头盔后方的缺口上，如图 5-23 所示。

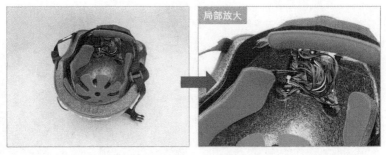

图5-23　固定Beetle主控板与锂电池

注意

在固定时，Beetle 主控板的 USB 口要朝外，方便后期上传程序和调试。另外，还需要将电源开关和照明开关（自锁按钮）用热熔胶固定到安全头盔后方的下沿上，用于打开和关闭前面的照明灯，如图 5-24 所示。

照明开关

电源开关　　　USB口朝外

图5-24　固定开关

　　用扎带整理好所有线材，将其平整地塞进安全头盔的缺口中。还记得那块被割下来的小塑料泡沫吗？轮到它上场了！将这块小塑料泡沫割薄一半左右，然后放回原来的位置，恰好可以盖住所有元器件。稍微涂点热熔胶，将它固定到原来的位置，如图 5-25 所示。

　　至此，安全头盔的改装就大功告成了！改装后的安全头盔如图 5-26 所示。

图5-25 整理线材与安装塑料泡沫　　　　图5-26 改装后的安全头盔

5.6 效果演示

　　打开电源开关，将安全头盔向左倾斜摆放，左边的转向灯开始红灯闪烁，同时右边的灯熄灭，表示接下来要向左转弯；将安全头盔向右倾斜摆放，右边的转向灯开始红灯闪烁，同时左边的灯熄灭，表示接下来要向右转弯；将安全头盔平放，安全头盔后方的两个灯带就全部亮起绿灯来，表示直行向前；打开照明开关，安全头盔前方的照明灯会亮起来。完整的演示效果如图5-27所示。

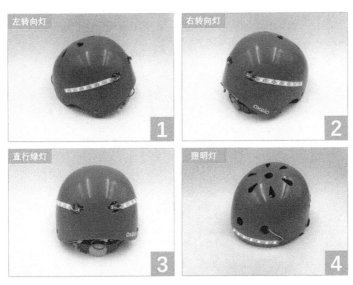

图5-27 体感骑行转向帽效果演示

请扫描右侧的二维码，观看完整的演示效果。

扩展与提高

目前的体感骑行转向帽采用闪灯的方式来进行提醒后面的车辆，有没有更加直观的方式呢？比如，将闪灯改成带箭头方向的流水灯。另外，能不能再加一个刹车提醒功能呢？赶快试试吧！

第 6 章

智能小便池

有的男生可能曾在某些场所的男洗手间看到过"向前一小步，文明一大步"这样的提示标语。除了诙谐幽默，这不外乎是提醒入厕的男士尽量避免造成不文明现象。但即便有这样明确、显眼的标语提示，还是有一些人为了行一己方便，不顾及他人的感受。这不但破坏了公共卫生，对他人造成恶劣的影响，而且给打扫卫生的清洁工们增加了额外的工作量。

在本节中，我们将设计一款智能小便池，只有当男生距离小便池足够近时，小便池才会打开，以此来监督大家小解时尽可能地靠近小便池。作品成品如图 6-1 所示。

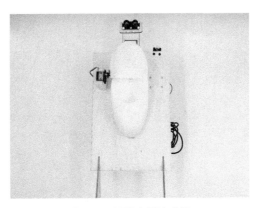

图6-1　智能小便池成品

6.1　任务描述

利用 3D 打印设计小便池的外形和盖子，我们将超声波传感器和人体红外热释电传感器安装在小便池的上方，再利用舵机去控制小便池盖子的开合，然后利用水泵冲水。超声波传感器与人体红外热释电传感器检测前方是否有人靠近，进而去判断是否要打开小便池的盖子。同时使用超声波传感器与人体红外热释电传感器的原因是：超声波传感器有一个缺点，那就是它无法判断前方障碍物是否是人的身体；而人体红外热释电传感器无法判断距离。因此将两者结合，能够更加精准地判断人的到来和离开。最后再利用水泵，可以在人离开后及时冲水，保持小便池的卫生。

6.2　草图设计

智能小便池的设计草图如图 6-2 所示。

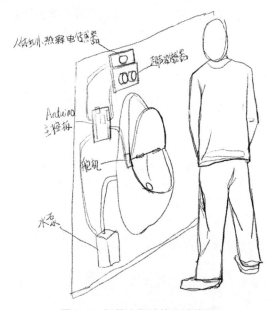

图6-2　智能小便池的设计草图

6.3　搭建电路

6.3.1　所需的元件

根据设计思路，准备好制作智能小便池所需的元件，如表 6-1 所示。

表6-1　制作智能小便池所需的元件

元件图片	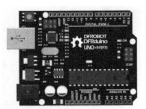		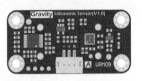
名称	Arduino Uno 主控板	Arduino Uno 传感器扩展板	URM09 超声波传感器
数量	1块	1块	1个
说明	主控板，用来烧写程序	扩展板，方便连接传感器	连接到 Arduino 控制器的A0管脚
元件图片			
名称	人体红外热释电传感器	继电器模块	舵机
数量	1个	1个	1个
说明	连接到 Arduino 控制器的D13管脚	连接到 Arduino 控制器的D2管脚	连接到 Arduino 控制器的D6管脚
元件图片			
名称	水泵	DC公母电源转接头	
数量	1个	1对	
说明	负极接地，正极连接到继电器的COM端	用于连接水泵电源与水泵	

 ## 6.3.2　线路连接

为了方便编写程序，我们先设计智能小便池的电路接线，如图 6-3 所示。将人体红外热释电传感器连接到 Arduino 主控板的 D13 管脚，将舵机连接到 D6 管脚，将继电器模块连接到 D2 管脚，将 URM09 超声波传感器连接到 A0 管脚。

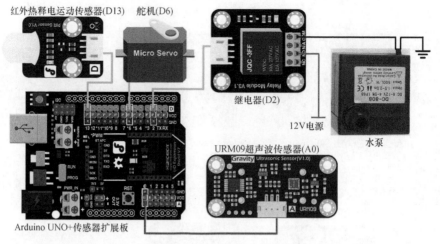

红外热释电运动传感器(D13)　舵机(D6)

继电器(D2)

12V电源

水泵

Arduino UNO+传感器扩展板

URM09超声波传感器(A0)

图6-3　智能小便池的电路接线

6.4　编写程序

6.4.1　工作流程

在编写程序之前，我们先梳理思路，设计出程序流程图，如图6-4所示。

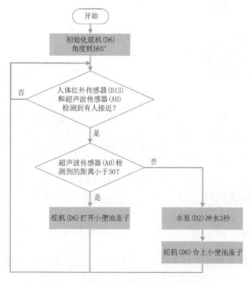

开始

初始化舵机(D6)
角度到160°

人体红外传感器(D13)
和超声波传感器(A0)
检测到有人接近？

否

是

超声波传感器(A0)检
测到的距离小于30？

否

是

舵机(D6)打开小便池盖子

水泵(D2)冲水3秒

舵机(D6)合上小便池盖子

图6-4　智能小便池的程序流程图

▶ 6.4.2　编写程序（Mixly版）

接下来，我们开始正式编写程序。首先初始化舵机角度和设置"距离"变量（注意：这里的变量为"双精度浮点数"类型），如图6-5所示。

图6-5　智能小便池的初始化程序

主程序是利用超声波传感器和人体红外热释电传感器共同检测是否有人靠近，人体红外传感器检测是否有人靠近，同时超声波传感器检测人体与小便池的距离，若两者之间的距离小于30cm，则被视为合理范围。本作品中超声波传感器使用的是URM09型号，需要读取模拟管脚值并按照公式换算距离。通过查询产品手册可知，换算公式为

$$距离（cm）= 模拟输入值 × 520 ÷ 1024$$

两个传感器之间为"且"的关系，即同时满足条件。舵机的初始角度和打开的角度分别是160°和10°，这是根据实际测试选取的合理角度值。在盖子闭合之前，还加了一个水泵冲水的步骤，程序如图6-6所示。

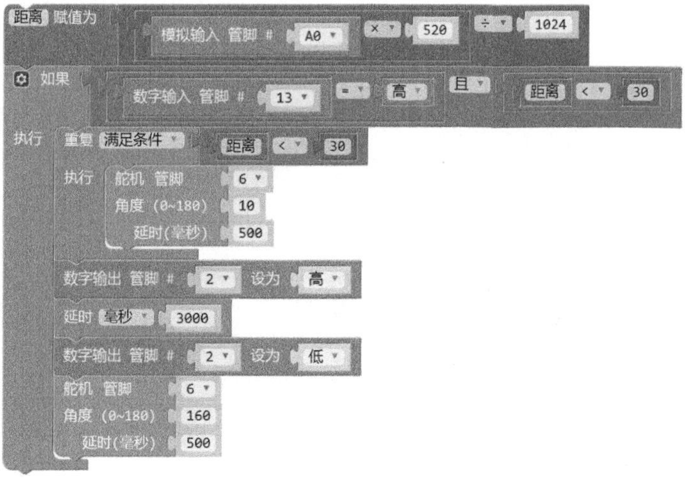

图6-6　智能小便池的主程序

智能小便池完整的Mixly程序如图6-7所示。

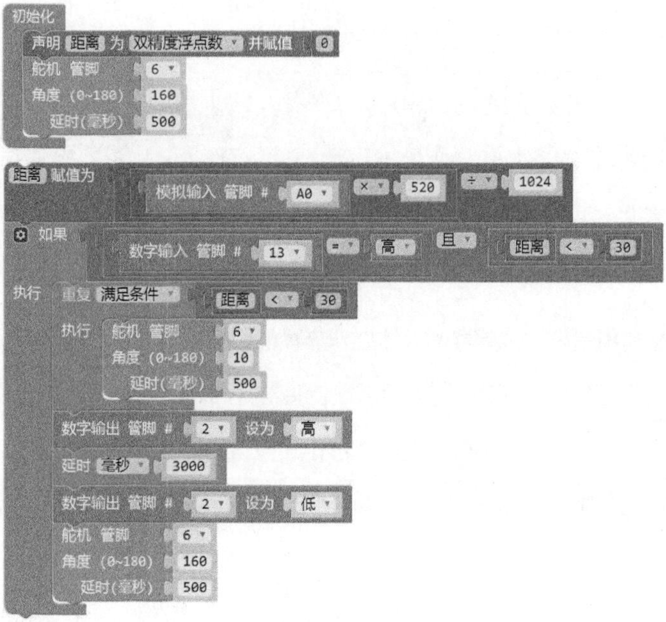

初始化
声明 距离 为 双精度浮点数 并赋值 0
舵机 管脚 6
角度（0~180）160
延时(毫秒) 500
距离 赋值为
模拟输入 管脚 # A0 × 520 ÷ 1024
如果
数字输入 管脚 # 13 = 高 且 距离 < 30
执行 重复 满足条件 距离 < 30
执行 舵机 管脚 6
角度（0~180）10
延时(毫秒) 500
数字输出 管脚 # 2 设为 高
延时 毫秒 3000
数字输出 管脚 # 2 设为 低
舵机 管脚 6
角度（0~180）160
延时(毫秒) 500

图6-7　智能小便池完整的Mixly程序

6.4.3　编写程序（Mind+版）

首先，我们要根据作品选择好对应的主控板及传感器；单击 Mind+ 软件界面左下角的“扩展”图标，在“主控板”类别中选择“Arduino Uno”，如图 6-8 所示。

选择主控板
套件
主控板
扩展板
传感器
执行器
通信模块
显示器
功能模块
网络服务
找不到你想要的？点击这里 查看帮助
micro:bit
把作品连接到实体世界。
Leonardo
Leonardo主控板控制的设备
Arduino Uno
Arduino Uno主控板控制的设备
Arduino Nano
Arduino Nano主控板控制的设备
掌控板
基于ESP32的主控板

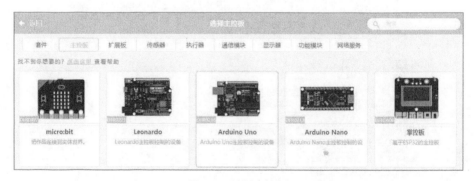

图6-8　选择主控板

在“传感器”类别中选择“模拟超声波测距传感器”和“人体红外热释电运动传感器”，如图 6-9 所示。

图6-9　选择传感器

在"执行器"类别中选择"舵机模块"和"继电器"，如图6-10所示。

图6-10　选择执行器

编写程序时，首先初始化舵机角度并设置"距离"变量，如图6-11所示。

同6.4.2节提到的一样，主程序是利用超声波传感器和人体红外热释电传感器共同检测是否有人靠近，原理也是相同的。不同之处在于，Mind+软件中内置了直接读取URM09超声波传感器距离的模块，因此不再需要像Mixly软件中那样进行公式换算。

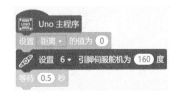

图6-11　智能小便池的初始化程序

同样，两个传感器之间为"且"的关系，即同时满足条件。舵机的初始角度和打开的角度分别是160°和10°，这是根据实际测试选取的合理角度值。在盖子闭合之前，还加了一个水泵冲水的步骤，程序如图6-12所示。

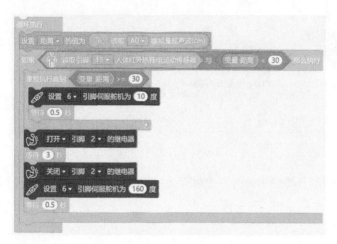

图6-12 智能小便池的主程序

智能小便池完整的 Mind+ 程序如图6-13所示。

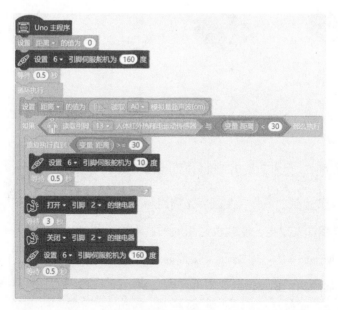

图6-13 智能小便池完整的Mind+程序

6.5　结构搭建

▶ 6.5.1　材料准备

准备好制作智能小便池的其他材料，如表 6-2 所示。

表 6-2　制作智能小便池的材料

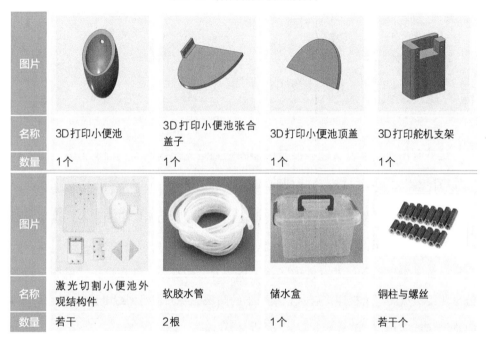

图片				
名称	3D打印小便池	3D打印小便池张合盖子	3D打印小便池顶盖	3D打印舵机支架
数量	1个	1个	1个	1个
图片				
名称	激光切割小便池外观结构件	软胶水管	储水盒	铜柱与螺丝
数量	若干	2根	1个	若干个

▶ 6.5.2　制作过程

准备好小便池及附属结构。其中，小便池与盖子是通过 123D Design 建模软件设计并 3D 打印制成的，墙面与底座则是通过激光切割木板而成的，如图 6-14 所示。

墙面与底座通过卡扣的形式进行固定。由于使用了 3mm 的木板，因此卡槽的宽度设计为了 2.8mm，这样可以使木板的固定更加稳定，无须额外再涂胶水。在木制墙面上，根据各元器件以及 Arduino 主控板上的螺丝孔位置及间距，预留了对应的孔径的圆孔，方便元器件和主控板的固定。

先将 Arduino 主控板与扩展板安装在一起，并用铜柱将其固定到激光切割墙面的背面。用同样的方法，将继电器模块固定到激光切割墙面的背面，如图 6-15 所示。

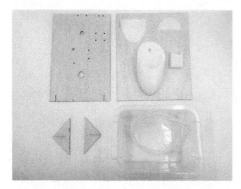
图6-14　智能小便池结构材料

图6-15　固定 Arduino 主控板与继电器

接着利用塑料铆钉将超声波传感器固定到激光切割墙面正面的上方，将人体红外热释电传感器固定到墙面正面的右上方，如图 6-16 所示。

由于水泵在工作时需要比较大的电压，因此选择为水泵单独供电，这里选择用 DC 12V 的直插电源为其供电。通过一公一母两个 DC 电源转接头实现了"水泵—直流电源—继电器"三者之间的连接，转接公头接水泵，转接母头接电源，转接公母转接头负极与负极连接，从正极引出的两根导线分别接到继电器的 ON 接口与 COM 接口，如图 6-17 所示。

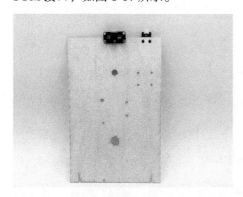
图6-16　固定超声波传感器与人体红外热释
电传感器

图6-17　连接水泵电路

接着在激光切割墙面的正面利用热熔胶安装小便池（注意：小便池的两个水管孔位与前面对齐），同时在墙面底座上装上支架，如图 6-18 所示。

然后在小便池上方安装冲水水管，在下方安装排水水管，并涂上些许热熔胶，以防漏水，如图 6-19 所示。

图6-18　安装小便池

图6-19　安装水管

接着在小便池边上利用 3D 打印的舵机固定支架安装好舵机，并利用舵机臂与小便池张合盖子连接（注意：安装时调整好盖子与小便池的位置），如图 6-20 所示。

根据电路图，将各元器件利用导线连接到一起，如图 6-21 所示。

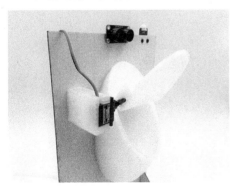
图6-20　安装舵机与小便池盖子

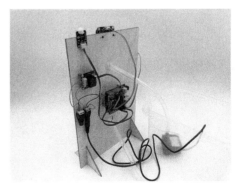
图6-21　连接电路

在实际测试过程中发现，小便池盖子打开时，可能遮挡超声波传感器前方视野，进而影响其判断距离。为此，我们做了一个额外的结构件，以提高超声波传感器的高度，如图 6-22 所示。另外，排水管位置太低，导致水不能正常回流到水池中，因此我们对底座高度也进行了一定的提升。

图6-22　改装超声波传感器的位置

至此，整个智能小便池就制作完成了，成品如图 6-23 所示。

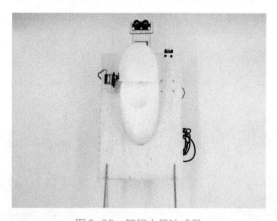

图6-23　智能小便池成品

6.6　效果演示

当小便池周围没有人靠近时，盖子保持闭合状态；当小便池前方有人靠近，并且距离小于30cm时，盖子自动打开，直至人离开后，通过水泵抽水冲刷小便池，并把盖子合上，如图 6-24 所示。

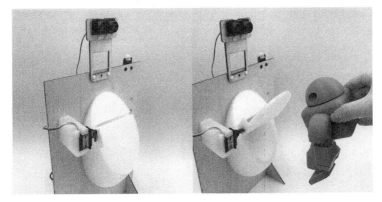

图6-24　智能小便池效果演示

请扫描右侧的二维码，观看完整的演示效果。

扩展与提高

　　虽然这些措施可以防止解手时的不文明行为，但是难免会有意外弄脏地面的情况。能不能在地面上安装湿度传感器和振动模块呢？当湿度传感器检测到湿度升高时，说明有人弄脏了地面，这时通过让脚下的振动模块轻轻振动，对其进行提醒。赶紧试试吧！

第 7 章

戒烟笔筒

小叶同学的爸爸是一名设计师，时常一边冥思苦想一边抽烟。小叶担心爸爸的身体健康，想利用在学校里学过的 3D 打印技术，制作一个可以提醒戒烟的笔筒送给爸爸。这个小礼物既可以当笔筒用，又可以在爸爸抽烟时及时提醒他。

在本节中，我们将帮助小叶设计一个戒烟笔筒，通过在采用 3D 打印技术制作的笔筒里安装烟雾传感器及舵机，实现提醒家人不要吸烟的功能。作品成品如图 7-1 所示。

图 7-1　戒烟笔筒成品

7.1　任务描述

本作品利用 3D 打印技术设计出一个形如玉琮的笔筒。在 3D 打印件上安装烟雾传感器、舵机等电子模块。通过编程实现对周围环境实时检测，如果检测到附近有烟雾，则会让舵机旋转一定角度举起"禁止吸烟"的标牌，并通过内置的语音模块和喇叭播报事先录好的语音，对吸烟者给予及时提醒。

7.2　草图设计

戒烟笔筒的设计草图如图 7-2 所示。

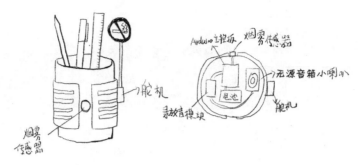

图 7-2　戒烟笔筒的设计草图

7.3　搭建电路

7.3.1　所需的元件

根据设计思路，准备好制作戒烟笔筒所需的元件，如表 7-1 所示。

表 7-1　制作戒烟笔筒的元件

元件图片			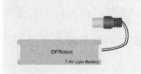
名称	Arduino Uno 主控板	Arduino Uno 传感器扩展板	音频录放模块
数量	1 块	1 块	1 个
说明	主控板，用来烧写程序	扩展板，方便连接传感器	连接到 Arduino Uno 控制器的 D11 管脚
元件图片			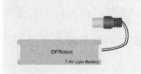
名称	烟雾传感器	舵机	7.4V 锂电池
数量	1 个	1 个	1 块
说明	连接到 Arduino Uno 控制器的 A0 管脚	连接到 Arduino Uno 控制器的 D13 管脚	给主控板供电

元件图片	
名称	无源音箱小喇叭
数量	1个
说明	连接在录放音模块的SPK1端口

7.3.2 线路连接

为了方便编写程序，我们先设计戒烟笔筒的电路连接关系。将烟雾传感器接到 A0 管脚，将舵机接到 D13 管脚，将录放音模块接到 D11 管脚，连线如图 7-3 所示。

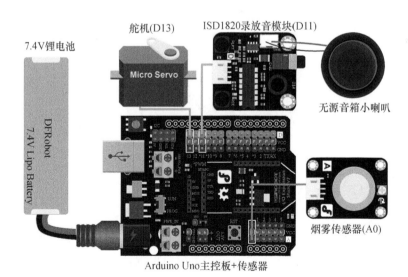

图 7-3 戒烟笔筒的电路接线

7.4 编写程序

7.4.1 工作流程

在编写程序之前，我们先梳理思路，设计出程序流程图，如图7-4所示。

首先，烟雾传感器会检测烟雾值是否大于500。如果烟雾值大于500，则录放音模块播放禁烟的语音提示，同时舵机举起禁烟标识牌；如果烟雾值没有大于500，则不会播放禁烟的语音提示，禁烟标识牌也处于放下状态。

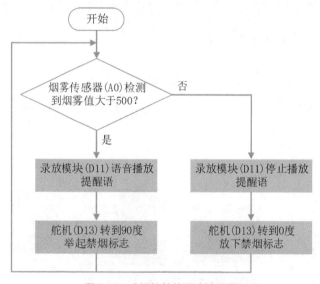

图7-4 戒烟笔筒的程序流程图

7.4.2 编写程序（Mixly版）

根据流程图设计，编写程序。程序的设计思路是：当烟雾传感器检测到附近有烟雾时，驱动舵机旋转一定角度举起禁烟标识牌，同时录放音模块播放语言提醒。

我们可以先通过串口查看接在 A0 端口的烟雾传感器在有无烟雾时的数据变化，根据这个变化规律来确定舵机转动的阈值。戒烟笔筒完整的 Mixly 程序如图 7-5 所示。

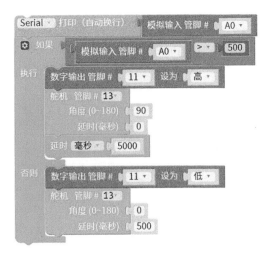

图 7-5　戒烟笔筒完整的 Mixly 程序

7.4.3　编写程序（Mind+版）

首先，我们要根据作品选择好对应的主控及传感器：单击 Mind+ 软件界面左下角的扩展图标，在"主控板"类别中选择"Arduino Uno"，如图 7-6 所示。

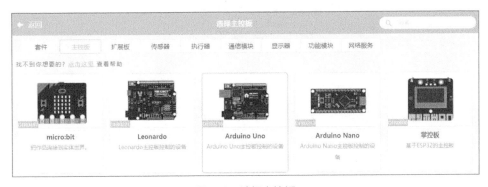

图 7-6　选择主控板

在"执行器"类别中选择"舵机模块",如图 7-7 所示。

图 7-7　选择执行器

选择好主控板和执行器之后,就可以回到 Mind+ 主界面编写程序了。戒烟笔筒完整的 Mind+ 程序如图 7-8 所示。

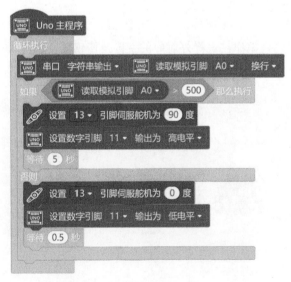

图 7-8　戒烟笔筒完整的 Mind+ 程序

7.5 结构搭建

7.5.1 材料准备

准备好制作戒烟笔筒的其他材料，如表 7-2 所示。

表7-2 制作戒烟笔筒的材料

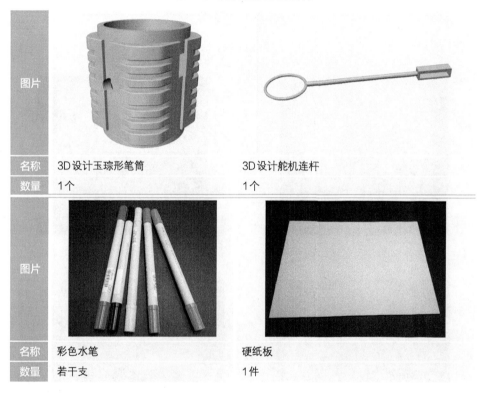

图片		
名称	3D设计玉琮形笔筒	3D设计舵机连杆
数量	1个	1个
图片		
名称	彩色水笔	硬纸板
数量	若干支	1件

7.5.2 制作过程

在设计玉琮形模型时，要预留好烟雾传感器、舵机模块的安装位置，如图7-9所示。

将烟雾传感器及舵机模块安装到采用 3D 技术打印好的玉琮形笔筒模型上，如图 7-10～图 7-12 所示。注意：将舵机模块的转轴安装在下面，不要装反了。

接着将舵机臂用热熔胶固定在打印好的航机连杆凹槽中，如图 7-13 所示。

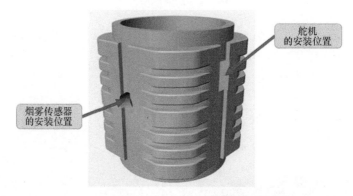

舵机
的安装位置

烟雾传感器
的安装位置

图7-9 玉琮形笔筒模型

图7-10 在笔筒上安装舵机模块

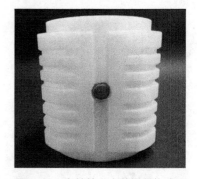

图7-11 在笔筒上安装烟雾传感器

图7-12 笔筒俯视图

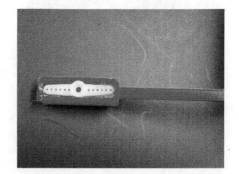

图7-13 舵盘与舵机连杆粘接

将用彩色水笔绘制好图案的标识牌粘贴在舵机连杆的另一头，如图 7-14 所示。

将主控板、录放音模块、无源音箱小喇叭放置在笔筒内部，并将 7.4V 锂电池连接到主控板上，如图 7-15 所示。

图7-14 将绘制好的标识牌与舵机连杆另一头连接

图7-15 在笔筒内部安装好各模块

将舵机连接杆固定在转轴上，完成作品的组装，成品如图7-16所示。

图7-16 戒烟笔筒成品

7.6 效果演示

当检测到附近有烟雾时，安装在戒烟笔筒侧面的舵机臂会带动舵机连杆旋转90°，举起禁止吸烟的标识牌，同时录放音模块会播放事先录制好的温馨提醒语音，提醒吸烟者禁止吸烟。作品最终效果如图7-17所示。

图7-17　戒烟笔筒的最终效果

请扫描右侧的二维码，观看完整的演示效果。

扩展与提高

可以尝试在戒烟笔筒上增加两种不同颜色的 LED 灯，当检测到附近有人吸烟时，模拟警示灯闪烁来提醒吸烟者。

第8章

可发光警示三角架小车

当道路上发生交通事故后，一般都要在事故车辆后方一定范围内放置一个警示三角架，用以提醒后方车辆注意避让。但在光线不好时，后方司机可能就不太容易发现警示三角架；如果是在高速公路上，司机下车放置三角架也存在一定的安全隐患。

如果制作一个可以远程控制自动移动到指定位置并能打开发光警示三脚架的小车，就可以在发生交通事故时帮助到司机。作品成品如图8-1所示。

图8-1　可发光警示三角架小车成品

8.1　任务描述

我们来制作一辆用手机App控制自由移动的可发光警示三角架小车。当车辆发生事故时，我们可以远程控制小车，将其移到合适的位置并升起警示三角架，使之发出警示光，这样就可以及时提醒后方车辆注意避让，同时可以有效保护自己的安全。

8.2　草图设计

可发光警示三角架小车的设计草图如图8-2所示。

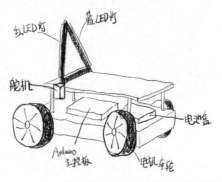

图8-2　可发光警示三角架小车的设计草图

8.3 搭建电路

▶ 8.3.1 所需的元件

根据设计思路，准备好制作可发光警示三角架小车的元件，如表 8-1 所示。

表8-1　可发光警示三角架小车的元件

元件图片				
名称	Romeo 三合一 Arduino 兼容控制器。兼容 Arduino Leonardo，编程时注意选择 Arduino Leonardo 主控板	蓝色 LED 模块	红色 LED 模块	舵机
数量	1个	1个	1个	1个
说明	Romeo 主控板，支持 2路电机驱动，用来烧写程序	连接到 Arduino 控制器的 D2 管脚	连接到 Arduino 控制器的 D3 管脚	连接到 Arduino 控制器的 D8 管脚

元件图片		
名称	蓝牙2.0模块	海盗船4WD小车移动平台
数量	1个	1个
说明	可直插在Romeo主控板上的Bluetooth专用接口	

8.3.2 线路连接

将蓝色 LED 模块接在 Romeo 主控板的 D2 管脚，将红色 LED 模块接到 D3 管脚。将舵机连接到 D8 管脚，将小车左、右各两个电机并连后分别接入 M1 和 M2 电机控制端口，将蓝牙模块接在蓝牙专用接口，将 5 节干电池组与主控板电源接口相连，接线如图 8-3 所示。

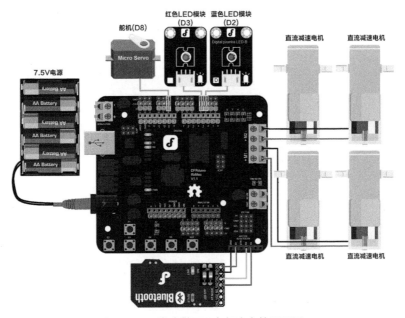

图8-3 可发光警示三角架小车的原理图

8.4 编写程序

8.4.1 工作流程

在编写程序之前，我们先梳理思路，设计出程序流程图，如图 8-4 所示。

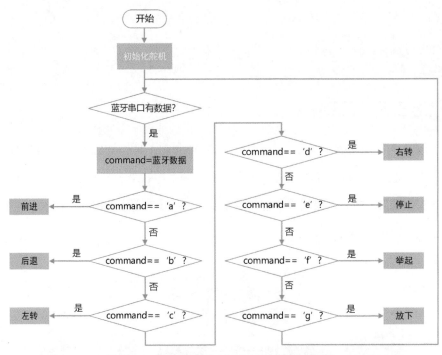

图8-4 可发光警示三角架小车的程序流程图

8.4.2 编写手机端 App Inventor 程序

启动 App Inventor 应用程序。手机 App 界面及其相关组件设计如图 8-5 所示。

接下来编写 App 程序（见图 8-6 和图 8-7）：首先，完成蓝牙列表的选择设置，让用户选择连接好对应的蓝牙名称；其次，设置当按下对应的按钮时，发送与 Arduino 端对应的接收文本，这样，当 Arduino 端收到这些文本时，就可以根据程序执行相应的功能了。

图8-5 手机App界面

图8-6 手机App组件列表

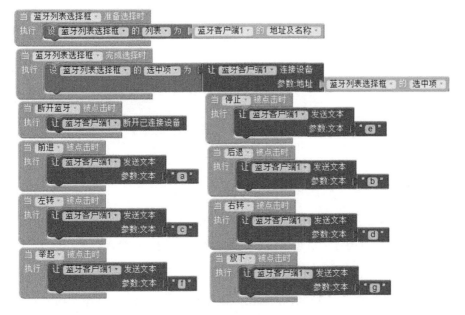

图8-7 手机App程序

▶ 8.4.3　编写程序（Mixly 版）

接下来，我们开始编写 Mixly 程序。

本作品需要开发板与手机 App 之间进行通信，因此需要用到蓝牙通信。首先，创建一个变量，用来存储接收从串口收到的数据。

我们使用的 Romeo 主控板的蓝牙接口默认使用 Serial 1 通信，因此程序首先要判断 Serial 1 有无数据可读，如果读到了数据，则将数据先存储在变量 command 中。串口数据接收程序如图 8-8 所示。

图 8-8　串口数据接收程序

上传该程序后，在手机 App 端按下不同的按钮，我们就可以通过串口监视器中查看到串口接收到的数据，如图 8-9 所示。

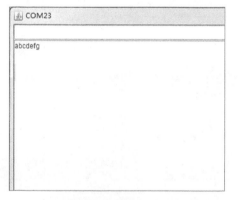

图 8-9　通过串口监视器查看接收到的数据

初始化舵机角度，然后定义小车的"前进""后退""左转""右转"及"停止"函数，如图 8-10 所示。当串口接收到"a""b""c""d"和"e"字符时，程序分别会控制电机执行前进、后退、左转、右转和停止动作；当接收到"f"字符时，控制舵机旋转升起三角架，并让两盏 LED 灯连续闪烁；当接收到"g"字符时，控制舵机反方向旋转落下三角架，并关闭两盏 LED 灯。函数定义如图 8-10 和图 8-11 所示。

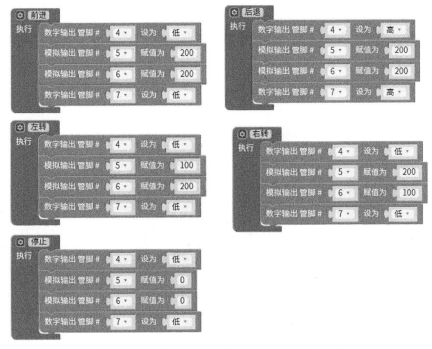

图8-10 定义小车的"前进""后退""左转""右转"及"停止"函数

根据以上功能模块编写程序。可发光警示三角架小车相关的 Mixly 程序如图 8-11 所示和图 8-12 所示。

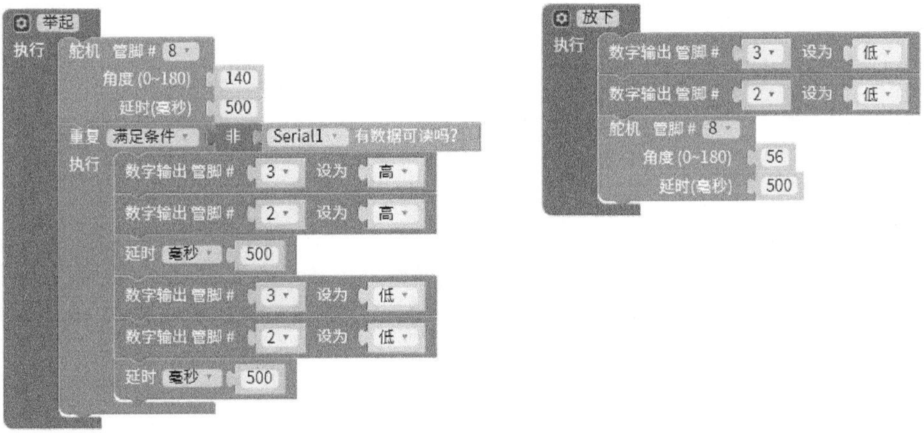

图8-11 定义舵机将三角架举起和放下函数

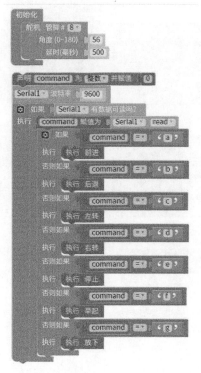

图8-12　可发光警示三角架小车的Mixly主程序

8.4.4　编写程序（Mind+版）

首先，我们要根据作品选择好对应的主控板及传感器：单击 Mind+ 软件界面左下角的"扩展"图标，在"主控板"类别中选择"Leonardo"，如图 8-13 所示。

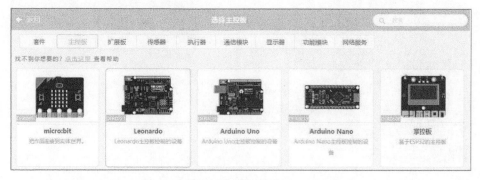

图8-13　选择主控板

在"执行器"类别中选择"舵机模块",如图 8-14 所示。

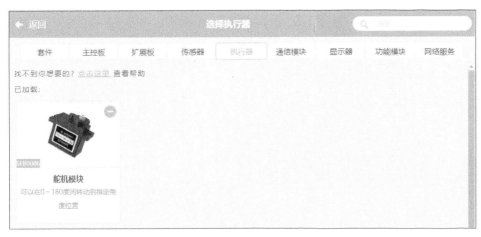

图8-14 选择执行器

在"显示器"类别中选择"数字 LED 发光模块",如图 8-15 所示。

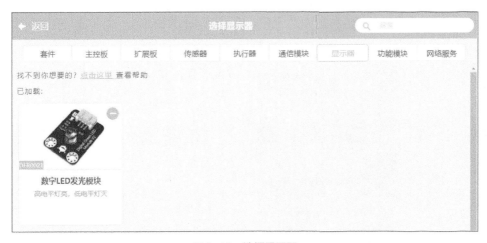

图8-15 选择显示器

编写以下程序,通过串口 0 输出来查看串口 1 是否能正常接收到数据。用手机 App 端发送指令,在串口 1 中如果能接收到图 8-16 所示的数据,则说明蓝牙通信正常。

同 8.4.3 节所述的一样,初始化舵机角度,当串口接收到"a""b""c""d""e"

字符时，程序分别会控制电机执行前进、后退、左转、右转、停止动作。利用自定义模块定义"前进""后退""左转""右转""停止"等动作的函数，如图 8-17 所示。

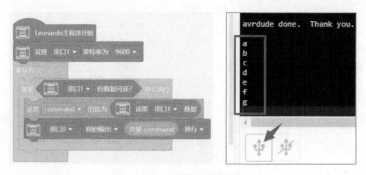

图8-16　查看串口通信程序

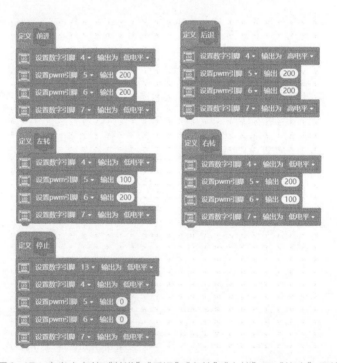

图8-17　定义小车的"前进""后退""左转""右转"及"停止"函数

当接收到"f"字符时，控制舵机旋转升起三角架，并让两盏 LED 灯连续闪烁；当接收到"g"字符时，控制舵机反方向旋转落下三角架，并关闭两盏 LED 灯。再次定义两个模块用于实现上述功能，如图 8-18 所示。

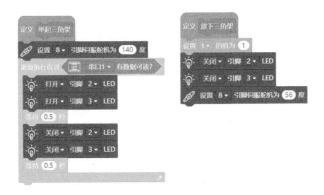

图8-18 定义举起、放下三角架的函数

在主程序中，根据串口 1 读取的数据，执行不同的动作，如图 8-19 所示。

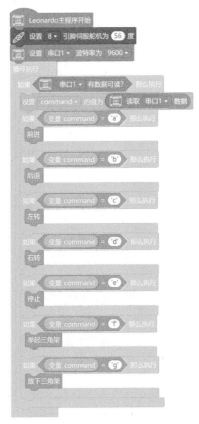

图8-19 可发光警示三角架小车的Mind+主程序

8.5 结构搭建

8.5.1 材料准备

准备好制作可发光警示三角架小车的其他材料，如表 8-2 所示。

表8-2　制作可发光警示三角架小车的材料

图片	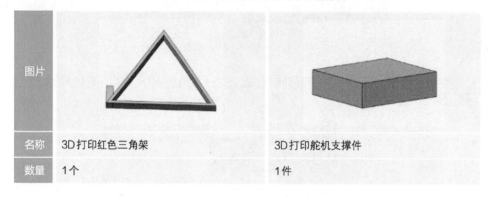	
名称	3D打印红色三角架	3D打印舵机支撑件
数量	1个	1件

8.5.2 制作过程

要制作本作品，首先需要安装好海盗船 4WD 小车移动平台（可参考 DF 商城官方安装手册）。先安装好小车移动平台底盘，将 8 根电机线及电池盒正负极线引出，如图 8-20 所示。

图8-20　安装海盗船2WD小车移动平台底盘

安装第一层面板，并将电机线及电源线从方孔中引出，如图 8-21 所示。

将 Romeo 主控板固定在铜螺栓上，将左、右两边的电机线后分别接入 M1 和 M2 接线柱，将正负电源线接入相应电源接线柱，如图 8-22 所示。

图8-21　引出电机线

图8-22　连接电机及电源线

将事先准备好的 3D 打印红色三角架与舵机用热熔胶粘接，如图 8-23 所示。

用螺丝固定好车体上层板，从左右两侧把舵机及两个 LED 模块线引出来，并安装好三角架，如图 8-24 所示。

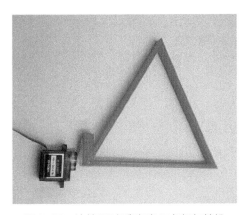

图8-23　连接3D打印红色三角架与舵机

图8-24　安装3D打印红色三角架

将舵机用 3D 打印支撑件垫高并粘贴在车体上层板左后方，将 LED 模块与 3D 打印红色三角架两侧固定，如图 8-25 所示。

给主控板通电，测试程序。可发光警示三角架小车成品如图 8-26 所示。

图8-25　固定三角架及LED模块　　　　图8-26　可发光警示三角架小车成品

8.6　效果演示

为小车主控板连通电源，用手机搜索到小车蓝牙并与之配对，默认配对密码为 "1234"，如图 8-27 所示。

图8-27　手机App与小车连接蓝牙

打开手机上的马路警示小车 App，并连接已配对好的蓝牙。当观察到蓝牙指示灯由快闪变成慢闪，说明蓝牙连接成功。分别单击 App 中的前进、后退等功能按钮进行测试，观察小车是否会做出相应的动作，效果如图 8-28 所示。

图8-28 可发光警示三角架小车效果演示

请扫描右侧的二维码，观看完整的演示效果。

扩展与提高

　　在小车上加装一个录放音模块，当小车移动到指定位置升起三角架时，该模块会播放事先录好的警示语音，给后方车辆以提示。

第 9 章

汽车智能安全预警系统

在新闻中，我们经常会看到因车内的人突然打开车门导致后方非机动车避让不及，发生碰撞事故，轻则导致他人摔倒受伤，重则造成车毁人亡。那么，有什么办法可以避免这种因开车门而引发的悲剧呢？

在本节中，我们将设法通过智能传感器实时监控车后情况，在有异常情况时及时提醒和预警乘客，尽可能避免此类交通事故的发生。作品成品如图9-1所示。

图9-1　汽车智能安全预警系统成品

9.1　任务描述

本作品可以模拟汽车在停车时一键预警、下雨时自动打开雨刮器等功能。当乘客把手放在汽车门把手上想要打开车门时，车门外的提醒灯就会亮起，提醒后方车辆和行人注意。如果在准备开门时，刚好有车从后面驶来，车内会亮红灯并发出蜂鸣声，提醒乘客暂时先不要打开车门。如果汽车都装上这个系统，就可以有效预防骑行者和汽车门发生相撞的事故。

9.2 草图设计

汽车智能安全预警系统的设计草图如图 9-2 所示。

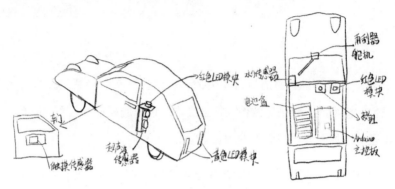

图9-2　汽车智能安全预警系统的设计草图

9.3 搭建电路

▶ 9.3.1 所需的元件

根据设计思路，准备好制作汽车智能安全预警系统的元件，如表 9-1 所示。

表9-1　制作汽车智能安全预警系统的元件

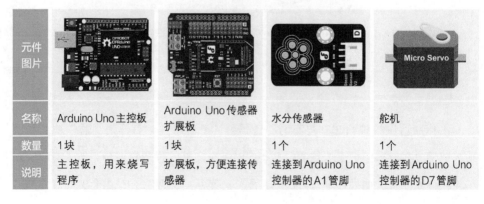

元件图片				
名称	Arduino Uno 主控板	Arduino Uno 传感器扩展板	水分传感器	舵机
数量	1块	1块	1个	1个
说明	主控板，用来烧写程序	扩展板，方便连接传感器	连接到 Arduino Uno 控制器的A1管脚	连接到 Arduino Uno 控制器的D7管脚

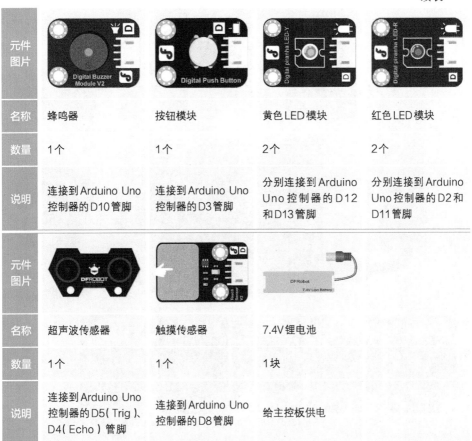

元件图片				
名称	蜂鸣器	按钮模块	黄色 LED 模块	红色 LED 模块
数量	1个	1个	2个	2个
说明	连接到 Arduino Uno 控制器的 D10 管脚	连接到 Arduino Uno 控制器的 D3 管脚	分别连接到 Arduino Uno 控制器的 D12 和 D13 管脚	分别连接到 Arduino Uno 控制器的 D2 和 D11 管脚
元件图片				
名称	超声波传感器	触摸传感器	7.4V 锂电池	
数量	1个	1个	1块	
说明	连接到 Arduino Uno 控制器的 D5(Trig)、D4(Echo) 管脚	连接到 Arduino Uno 控制器的 D8 管脚	给主控板供电	

9.3.2 线路连接

将两个黄色 LED 模块分别接在 Arduino Uno 控制器的 D12、D13 管脚，将两个红色 LED 模块分别接到 D2、D11 管脚，将黄色按钮连接到 D3 管脚，将水分传感器连接到 A1 管脚，将超声波传感器连接到 D5（Trig）、D4（Echo）管脚，将触摸传感器连接到 D8 管脚，将舵机连接到 D7 管脚，将蜂鸣器连接到 D10 管脚，如图 9-3 所示。

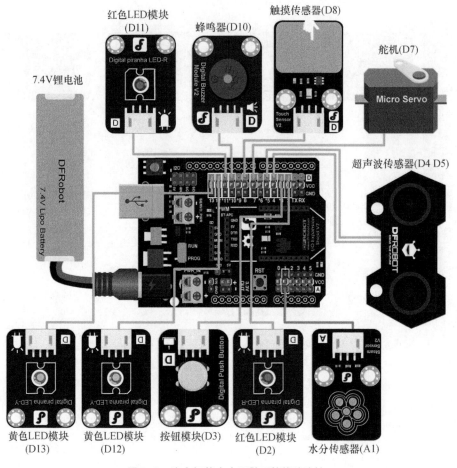

红色LED模块
(D11)

蜂鸣器(D10)

触摸传感器(D8)

舵机(D7)

7.4V锂电池

超声波传感器(D4 D5)

黄色LED模块
(D13)

黄色LED模块
(D12)

按钮模块(D3)

红色LED模块
(D2)

水分传感器(A1)

图9-3　汽车智能安全预警系统线路连接

9.4　编写程序

▶ 9.4.1　工作流程

在写程序之前，我们先梳理思路，设计出程序流程图，如图9-4所示。

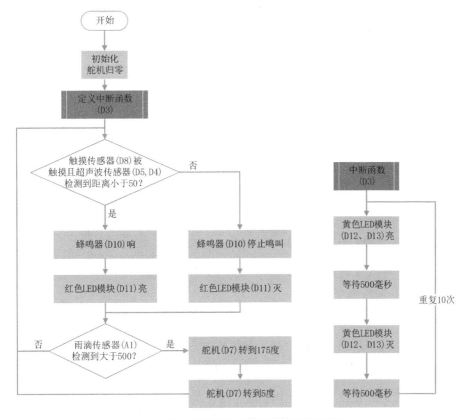

图9-4　汽车智能安全预警系统的程序流程图

9.4.2　编写程序（Mixly版）

接下来，我们正式开始编写程序。当程序开始执行时，先设置 D3 管脚的中断函数，如图 9-5 所示。D3 管脚连接的是车内的泊车提醒键，当汽车靠边停车时，通过按下驾驶室的黄色按钮，汽车尾部的两盏黄色 LED 模块连续闪烁 10 次，提醒后方行人和车辆注意避让。

注意

中断函数需要写在初始化中才能正确执行。Arduino Uno 只有 D2、D3 管脚具有中断功能，中断函数可以在中断事件发生时去执行函数内的程序。

安装在汽车前挡风玻璃上方的水分传感器用于检测户外是否下雨。编程时，可通过串口监视器查看数据变化规律，如果超出设定的阈值，就驱动舵机旋转来清除雨水。雨水自动清除程序如图9-6所示。

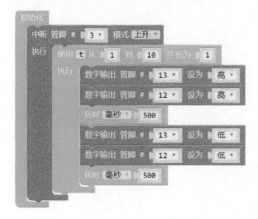

图9-5 定义中断函数

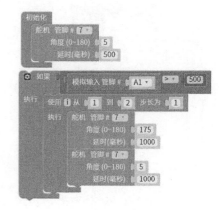

图9-6 雨水自动清除程序

当安装在车门把手上的触摸传感器检测到乘客有可能准备打开车门时，安装在车外的红色LED模块点亮，提醒后方车辆及行人注意。如果这时超声波传感器又检测到汽车侧后方有行人或车辆靠近，则会同时点亮车内外两个红色的LED模块，并且通过发出蜂鸣声提醒乘客有危险，不要打开车门。汽车开门预警程序如图9-7所示。

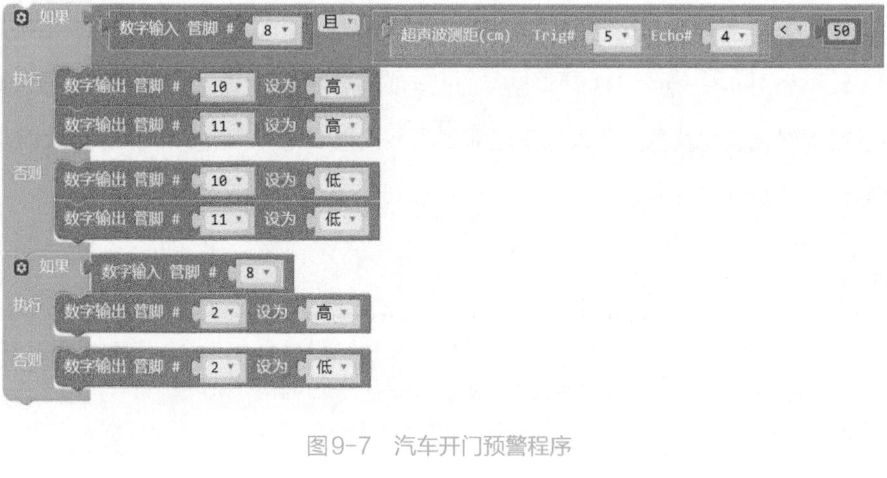

图9-7 汽车开门预警程序

根据以上功能模块编写程序，汽车智能安全预警系统完整的 Mixly 程序如图 9-8 所示。

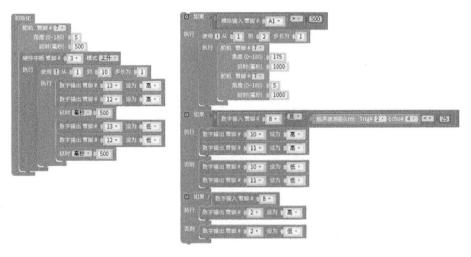

图9-8　汽车智能安全预警系统完整的Mixly程序

9.4.3　编写程序（Mind+版）

打开 Mind+ 软件，在界面左下角单击"扩展"图标，在"主控板"类别中选择"Arduino Uno"，如图 9-9 所示。

图9-9　选择主控板

在"传感器"类别中选择"超声波测距传感器""数字触摸传感器""数字大按钮模块"和"水分传感器",如图9-10所示。

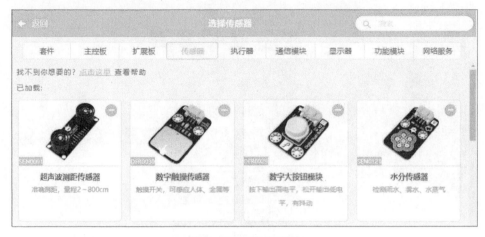

图9-10 选择传感器

在"执行器"类别中选择"舵机模块",如图9-11所示。

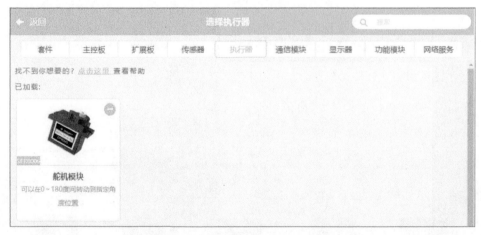

图9-11 选择执行器

在"显示器"类别中选择"数字LED发光模块",如图9-12所示。

由于该项目需要用到管脚中断,因此在"功能模块"分类中添加"引脚中断",如图9-13所示。

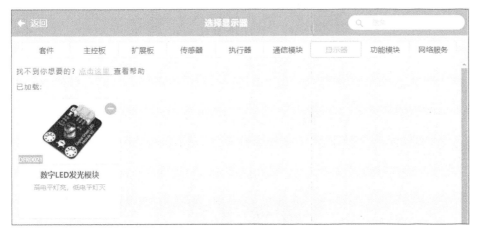

图9-12 选择显示器

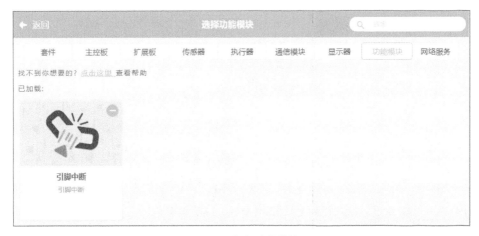

图9-13 添加功能模块

先来编写中断函数，当按下连接到 D3 管脚的按钮传感器时，让连接到 D12、D13 管脚的两盏黄色 LED 灯闪烁 10 次，提醒和警示后方车辆和行人，程序如图 9-14 所示。

接下来编写雨水自动清除程序。当连接到 A1 管脚的水分传感器侦测到下雨时，驱动连接到 D7 管脚的舵机旋转来清除雨水。这里可以通过串口指令块来实时

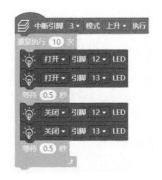

图9-14 定义中断函数

查看水分传感器检测到的数据，程序如图 9-15 所示。

图9-15　串口读取雨水值

当水分传感器检测到的数值大于 500 时，舵机来回摆动擦除车窗上的雨水，程序如图 9-16 所示。

图9-16　雨水自动清除功能程序

最后编写汽车开门预警系统程序。如果手接触到连接到 D8 管脚的触摸传感器，连接到 D2 管脚的红色 LED 模块就会点亮。如果超声波传感器同时检测到后方有人或车辆靠近，车内的红色 LED（D11）模块就会同时点亮，并让连接到 D10 管脚的蜂鸣器因被触发而鸣响报警。程序如图 9-17 所示。

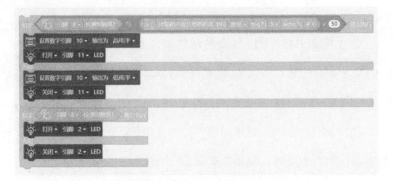

图9-17　汽车开门预警系统程序

汽车智能安全预警系统完整的 Mind+ 程序如图 9-18 所示。

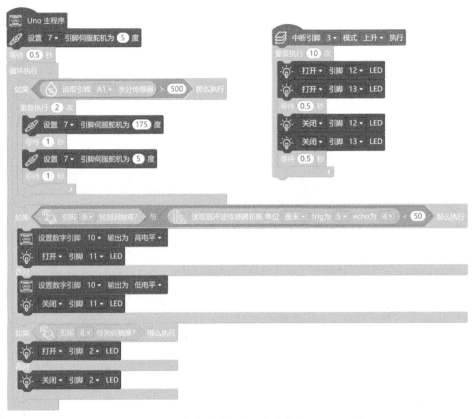

图9-18　汽车智能安全预警系统完整的 Mind+ 程序

9.5　结构搭建

9.5.1　材料准备

准备好制作汽车智能安全预警系统的其他材料，如表 9-2 所示。

表9-2 制作汽车智能安全预警系统的材料

图片			
名称	丙烯颜料	65mm轮胎	触摸传感器3D支撑件
数量	若干盒	5个	1个
图片			
名称	瓦楞纸	白色雪弗板	超声波及LED模块3D支撑件
数量	若干张	1块	1个
图片			
名称	雪糕棍	塑料管	木棍
数量	若干根	若干根	若干根
图片			
名称	透光羊皮纸		
数量	一张		

▶ 9.5.2 制作过程

首先需要制作一个可以打开车门的汽车模型。用长木棍搭建汽车底盘，用白色雪弗板裁剪作为车体，用半透光的羊皮纸作为挡风玻璃，将瓦楞纸弯曲后作为车头，车体各部分用热熔胶粘贴后涂上丙烯颜料上色。车体下部安装上轮胎，汽车尾部左右各用两根塑料管模拟汽车排气管，用一根雪糕棒及两根小木棍做造型粘在舵机转盘上模拟汽车雨刮器。完成车体制作后，各传感器的安装位置如图 9-19 所示。

安装主控、电源及蜂鸣器

安装水分传感器

安装两个黄色 LED 模块

安装舵机

安装超声波传感器及红色 LED 模块

可打开车门

安装按钮及红色 LED 模块

图 9-19　汽车模型及各传感器的位置

将水分传感器安装在汽车模型前挡风玻璃的左上角，如图 9-20 所示。

将两个黄色 LED 模块从汽车模型尾部开孔引出线后分别安装在左右两侧，如图 9-21 所示。

图 9-20　安装水分传感器

图 9-21　安装黄色 LED 模块

将黄色按钮和红色 LED 模块（D11）用热熔胶固定在汽车模型前挡的最上方，如图 9-22 所示。

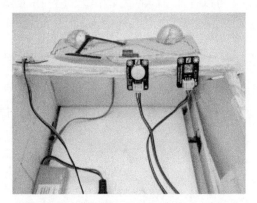

图9-22　安装黄色按钮和红色LED模块

裁剪三小块雪弗板，用热熔胶粘成一个 T 字形小支架，固定在汽车模型的外侧面（也可使用 3D 打印支撑件），将超声波传感器和红色 LED 模块（D2）分别从汽车模型右侧穿孔引出线后固定在支架上，如图 9-23 和图 9-24 所示。

图9-23　安装超声波传感器、红色LED模块和T字形小支架（雪弗板）

图9-24　安装超声波传感器、红色LED模块和T字形小支架（3D打印件）

裁剪两小块雪弗板，用热熔胶粘成一个 T 字形小支架固定在活动车门把手位置（也可使用 3D 打印支撑件），如图 9-25 所示。将触摸传感器用热熔胶粘贴在支架水平面上，如图 9-26 所示。

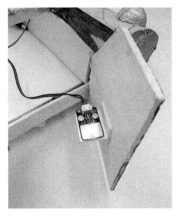

图9-25 安装触摸传感器和T字形小支架
（雪弗板）

图9-26 安装触摸传感器和T字形小支架
（3D打印件）

将主控板、蜂鸣器、电源都固定在车体内，如图 9-27 所示。

给主控板通电，测试程序。汽车智能安全预警系统成品如图 9-28 所示。

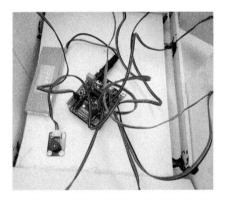

图9-27 固定主控板、蜂鸣器和电源

图9-28 汽车智能安全预警系统成品

9.6 效果演示

  连通电源，按下黄色按钮，观察汽车尾灯是否闪烁。用棉花蘸一些水滴在水分传感器上，观察雨刮器是否能自动工作。用手接触门把手上的触碰传感器，观察车外的红色 LED 模型是否点亮。用另一只手模拟车外有移动的物体，观察车内的红色 LED 模型是否点亮，蜂鸣器是否会鸣响。效果如图 9-29 所示。

图9-29　汽车智能安全预警系统效果演示

请扫描右侧的二维码，观看完整的演示效果。

扩展与提高

　　请试着在车内加装一个 LCD 屏幕，当有人或车接近时，可实时显示其距离。

第 10 章

校园智能一体走廊

校园是同学们学习知识的主要场所。同学们在这里一起学习、一起玩耍，健康快乐地成长。不过，校园中也存在一些安全隐患：比如，经常有同学因为跑得太快会在走廊拐角处相撞；再如，我国南方地区雨水丰沛，常常会导致地面湿滑，很容易让同学们滑倒；另外，部分走廊里光线阴暗，也会导致事故发生。

在本节中，我们将模拟校园走廊这一场景，通过多种传感器来解决上述这些问题。作品成品如图 10-1 所示。

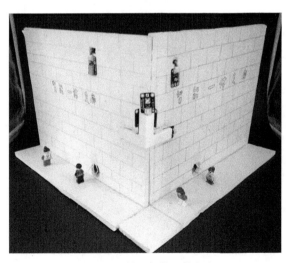

图 10-1　校园智能一体走廊

10.1　任务描述

我们将利用雪弗板拼接成校园走廊形状。通过 3D 打印设计的一个三通结构，将路灯、两个红外热释电运动传感器和两个蓝色 LED 模块分别安装在连通器的三个接口处。

当左侧的红外热释电运动传感器检测到有人时，右侧的蓝色 LED 模块就会亮起，提醒对面有人。当右侧的红外热释电运动传感器检测到有人时，左侧的蓝色 LED 模块就会亮起，提醒对面有人。墙壁上方还安装有光线传感器，当检测到走廊里的光线过暗时，自动打开路灯照明。当温湿度传感器检测到湿度过大时，会通过 ISD1820 录放音模块和无源音箱小喇叭播报事先录好的提醒语音，同时打开安装在墙壁上的风扇来加速空气流动，防止地面潮湿，有效保障同学在走廊行走时的安全。

10.2 草图设计

校园智能一体走廊的设计草图如图 10-2 所示。

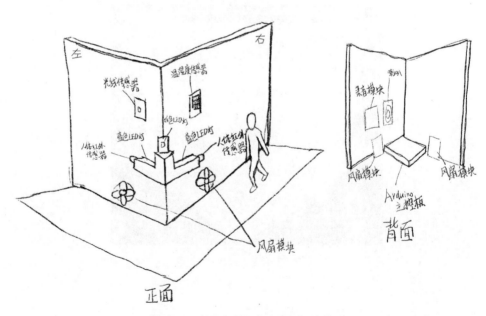

图 10-2 校园智能一体走廊的设计草图

10.3.1 所需的元件

根据设计思路，准备好制作校园智能一体走廊所需的元件，如表 10-1 所示。

表10-1 校园智能一体走廊元件表

元件图片				
名称	Arduino Uno 主控板	Arduino Uno 传感器扩展板	ISD1820 录放音模块	无源音箱小喇叭
数量	1块	1块	1个	1个
说明	主控板，用来烧写程序	扩展板，方便连接传感器	连接到 Arduino Uno 控制器的D11管脚	连接到 ISD1820 录放音模块的SPK1端口
元件图片				
名称	环境光线传感器	白色 LED 模块	蓝色 LED 模块	红外热释电运动传感器
数量	1个	1个	2个	2个
说明	连接到 Arduino Uno 控制器的A0管脚	连接到 Arduino Uno 控制器的D13管脚	分别连接到 Arduino Uno 控制器的 D4 和 D5 管脚	分别连接到 Arduino Uno 控制器的 D2 和 D3 管脚
元件图片				
名称	DHT11 数字温湿度传感器	风扇模块	电池盒	
数量	1个	2个	1个	
说明	连接到 Arduino Uno 控制器的D7管脚	连接到 Arduino Uno 控制器的D8和D9管脚	给主板供电	

为了方便编写程序，我们先设计校园智能一体走廊的电路连接关系。将两个红外热释电运动传感器分别接在 D2 和 D3 管脚，将两个蓝色 LED 模块分别接到 D4 和 D5 管脚，将 DHT11 温湿度传感器连接到 D7 管脚，将光线传感器连接到 A0 管脚，将白色 LED 模块连接到 D13 管脚，将两个风扇模块分别连接到 D8 和 D9 管脚，将 ISD1820 录放音模块连接到 D11 管脚，如图 10-3 所示。

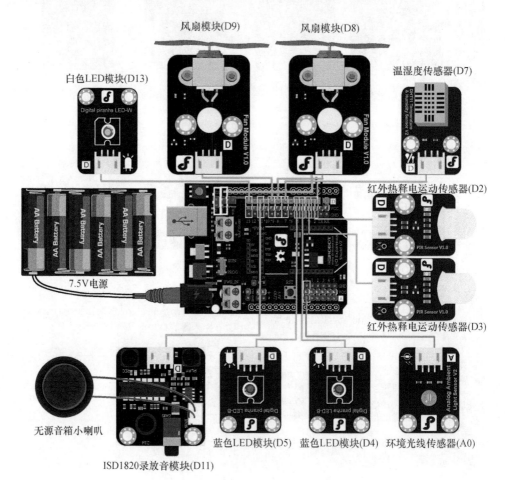

图 10-3　校园智能一体走廊的线路连接

10.4 编写程序

10.4.1 工作流程

在编写程序之前，我们先梳理思路，设计出程序流程图，如图 10-4 所示。

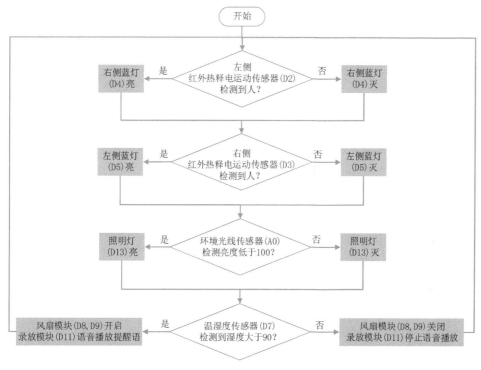

图 10-4 校园智能一体走廊的程序流程图

10.4.2 编写程序（Mixly 版）

根据流程图，先编写两个红外热释电运动传感器检测程序。当左侧有人经过时，该侧的红外热释电运动传感器就会侦测到信号，右侧的蓝色 LED 模块会亮灯；反之，当右侧有人经过时，该侧的红外热释电运动传感器就会侦测到信号，左侧的蓝色 LED 模块会亮灯。相应的程序如图 10-5 所示。

然后编写自动控制点灯程序。当环境光线传感器检测到光线过暗时，自动打开白色 LED 灯，提供走廊照明。相应的程序如图 10-6 所示。

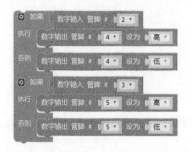

图 10-5　红外热释电运动传感器的检测程序　　图 10-6　环境光线传感器的检测程序

接着编写温湿度传感器的测试程序，如图 10-7 所示。

图 10-7　温湿度传感器的测试程序

上传程序后，通过串口监视器查看 DHT11 温湿度传感器测得的湿度数据变化情况。正常情况下，湿度为 69；将温湿度传感器放到湿度大的环境时，湿度为 95。测试数据如图 10-8 所示。

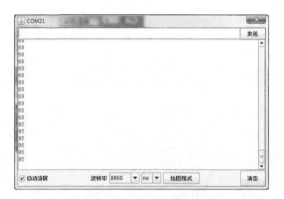

图 10-8　温湿度传感器测得的读数

我们将湿度阈值设定为 90，当温湿度传感器检测到环境湿度大于 90 时，ISD1820 录放音模块播放事先录制好的提醒语音，同时会驱动两个安装在墙壁内侧的风扇模块，驱散地面的湿气，程序如图 10-9 所示。

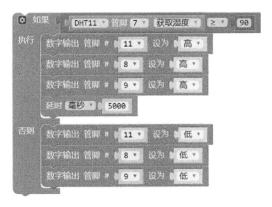

图 10-9 温湿度传感器的检测程序

合并以上程序，形成本作品完整的 Mixly 程序，如图 10-10 所示。

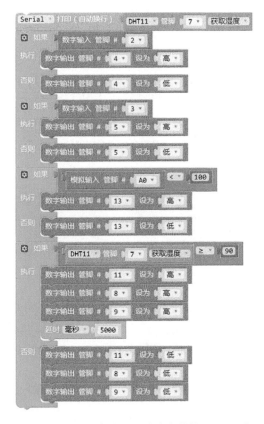

图 10-10 校园智能一体走廊完整的 Mixly 程序

▶ 10.4.3 编写程序（Mind+版）

打开 Mind+ 软件，在界面左下角单击"扩展"图标，在"主控板"类别中选择"Arduino Uno"，如图 10-11 所示。

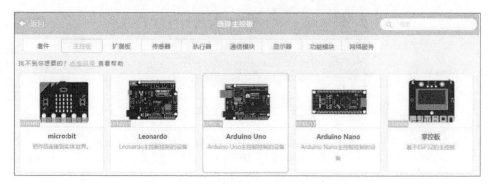

图 10-11　选择主控板

在"传感器"类别中选择"DHT11/12 温湿度传感器""模拟环境光线传感器"和"人体红外热释电运动传感器"，如图 10-12 所示。

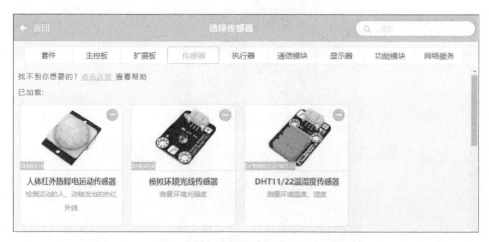

图 10-12　选择传感器

在"显示器"类别中选择"数字 LED 发光模块"，如图 10-13 所示。

我们先编写两个红外热释电运动传感器的检测程序。当连接到 D2 管脚的红外热释电运动传感器侦测到有人活动时，打开连接到 D4 管脚的 LED 灯；当连接到 D3 管脚的红外热释电运动传感器侦测到有人活动时，打开连接到 D5 管脚的 LED 灯，程序如图 10-14 所示。

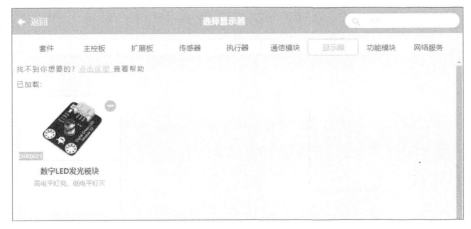

图 10-13　选择显示器

图 10-14　红外热释电运动传感器的检测程序

接下来编写自动控制点灯程序。当连接到 A0 管脚的模拟环境光线传感器侦测到走廊里光线昏暗时，点亮连接到 D13 管脚的白色 LED 灯为走廊提供照明，程序如图 10-15 所示。

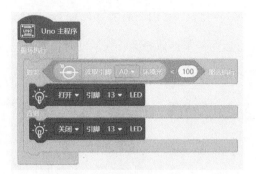

图 10-15　自动控制点灯程序

接着编写读取 DHT11 温湿度传感器的程序，通过串口输出查看 DHT11 温湿度传感器检测到的数据，程序如图 10-16 所示。

图 10-16　温湿度传感器的测试程序

然后将程序上传到主控板，打开串口监视器，查看 DHT11 温湿度传感器当前检测到的湿度数据，如图 10-17 所示，左侧为正常情况下的读数，右侧为潮湿环境下的读数。

根据 DHT11 温湿度传感器检测到的数据，我们以 90 作为潮湿的阈值。如果连接到 D7 管脚的 DHT11 温湿度传感器检测到湿度大于 90，就会触发连接到 D11 管脚的 ISD1820 录放音模块播放事先录制好的提醒语音，同时驱动连接到 D8 和 D9 管脚的两个风扇模块转动，以驱散走廊地面的湿气，程序如图 10-18 所示。

综合上面的程序，校园智能一体走廊完整的 Mind+ 程序如图 10-19 所示。

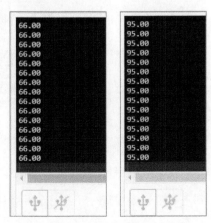

图 10-17　湿度变化前后数据对比

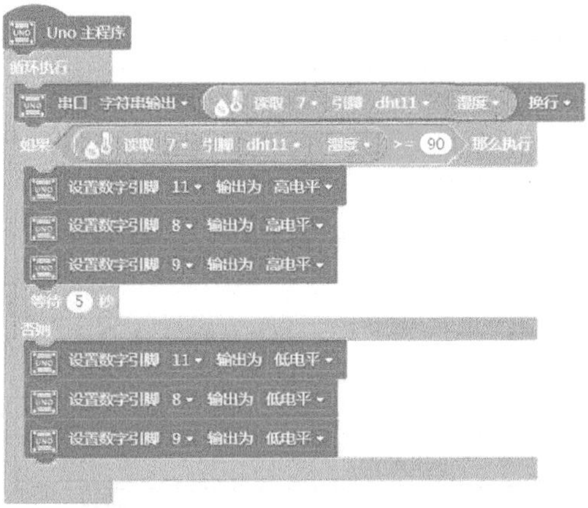

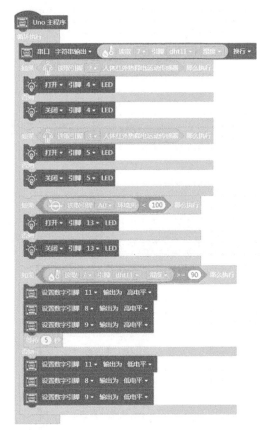

图 10-18 地面湿滑处理的 Mind+ 程序

图 10-19 校园智能一体走廊完整的 Mind+ 程序

10.5 结构搭建

10.5.1 材料准备

准备好制作校园智能一体走廊的其他材料，如表10-2所示。

表10-2 制作校园智能一体走廊的材料

图片			
名称	3D打印三通管		玩具小人
数量	1个		若干个
图片			
名称	彩色水笔		白色雪弗板
数量	若干支		多块

10.5.2 制作过程

我们所用到的两个红外热释电运动传感器、蓝色 LED 模块及白色 LED 模块可以通过一个三通管装置来固定和安装，既节省空间又美观。该装置可以通过 3D 建模来完成，如图 10-20 所示。

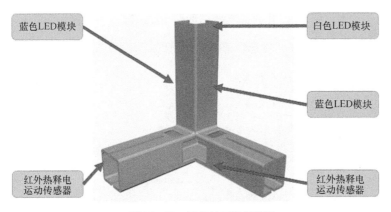

蓝色LED模块

白色LED模块

蓝色LED模块

红外热释电
运动传感器

红外热释电
运动传感器

图 10-20　墙角的三通管模型

　　用美工刀在雪弗板上裁剪出两个 40cm（长）×30cm（高）的长方形，用热熔胶粘成一个直角来模拟墙壁拐角；在内部裁出一个三角形支撑；再分别裁剪出两条 40cm×7.5cm 及 50cm×7.5cm 的长方形，用热熔胶粘到两个拐角的底部来模拟走廊。

　　墙体可用水彩笔绘制图案及文字，可以在走廊上粘贴若干玩具小人用于模拟学生；在走廊拐角中部开孔，并用热熔胶粘接好三通管 3D 模型。校园智能一体走廊的结构如图 10-21 和图 10-22 所示。

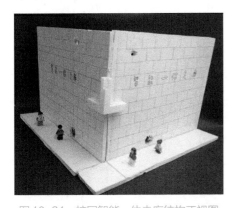

图 10-21　校园智能一体走廊结构正视图

图 10-22　校园智能一体走廊结构后视图

　　在两侧墙体上方分别用螺丝刀开孔，引出环境光线传感器和温湿度传感器的连线，并连接好相应的传感器。在两面雪弗板相交的拐角中部开孔，从中引出白色 LED 模块、两个红外热释电运动传感器以及两个蓝色 LED 模块的连接线，将它们固定在三通管装置上，并安装好传感器，如图 10-23 和图 10-24 所示。其中，两个蓝色 LED 模块直接固定在三通管装置两侧的垂直面上，如图 10-25 所示。

图 10-23　传感器连接线引出来

图 10-24　用热熔胶固定传感器

在两侧墙体底部分别开一个直径大约 3.5cm 的圆洞，并在洞口粘贴几条美纹纸，用于观察是否有风吹出，如图 10-26 所示。

图 10-25　传感器安装示意图

图 10-26　墙体底部开风扇洞

在两侧墙体内部裁剪出两小块雪弗板用以固定风扇，使之正对着开出的洞口，如图 10-27 所示。

将所有传感器连接线引入墙体内部与主控板相连接，如图 10-28 所示。

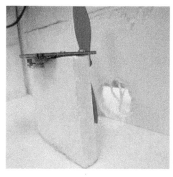

图 10-27　固定风扇

图 10-28　墙体内部连线

给主控板供电，测试程序。要特别注意两侧的 LED 模块和红外热释电运动传感器是否刚好相对应。校园智能一体走廊成品如图 10-29 所示。

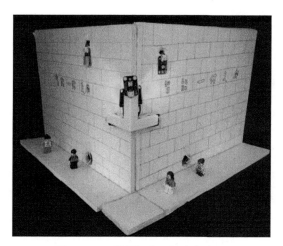

图 10-29　校园智能一体走廊成品

10.6　效果演示

打开电源，当校园走廊拐角两侧有人活动时观察两个蓝色 LED 模块亮灯的变化情况；遮挡光线传感器，观察白色 LED 模块亮灯的变化情况；用嘴对着温湿度传感器哈一口热气，观察墙壁内风扇是否转动。效果如图 10-30 所示。

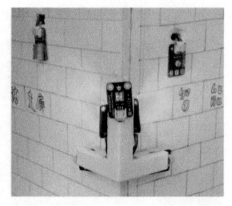

图 10-30　校园智能一体走廊效果演示

请扫描右侧的二维码，观看完整的演示效果。

扩展与提高

　　请尝试在两侧拐角处增加超声波传感器，来检测行人的移动速度。当行人的移动速度超过设定的速度阈值时，会亮灯并发出语音提醒。

第 11 章

自动卷纸机

现在很多学校的卫生间都配备了专门的抽纸机，方便学生使用。有些淘气的同学会抽出很多纸，造成了不必要的浪费。如果能够制作一个可以自动出纸和收纸的卷纸机，就可以避免上述问题了！

在本节中，我们将设计一款自动卷纸机，通过按钮控制电机带动卷筒旋转，来实现自动出纸和收纸。这样就可以在避免纸张浪费的同时提醒同学们注意节约纸张。作品成品如图 11-1 所示。

图 11-1　自动卷纸机

11.1　任务描述

利用雪弗板裁剪、拼接成卷纸机外壳。在盒子内部安装固定好电机，在电机转动轴套上 3D 打印的卷纸芯，再将卷纸套在卷纸芯上。在盒子外侧安装两个按钮传感器，一个控制电机正转，另一个控制电机反转，这样就可以用来控制出纸和收纸了。

11.2 草图设计

自动卷纸机的设计草图如图 11-2 所示。

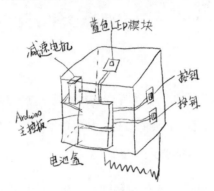

图 11-2　自动卷纸机的设计草图

11.3 搭建电路

▶ 11.3.1 所需的元件

根据设计思路，准备好制作自动卷纸机所需的元件，如表 11-1 所示。

表 11-1　制作自动卷纸机所需的元件

元件图片				
名称	Romeo 三合一 Arduino 兼容控制器。兼容 Arduino Leonardo，编程时注意选择 Arduino Leonardo 主控板	蓝色按钮传感器	红色按钮传感器	直流减速电机
数量	1个	1个	1个	1个
说明	Romeo 主控板，支持 2 路电机驱动，用来烧写程序	连接到 Romeo 控制器的 D2 管脚	连接到 Romeo 控制器的 D3 管脚	连接到 Romeo 控制器的 M1 电机接口

元件	
名称	蓝色LED模块
数量	1个
说明	连接到Romeo控制器的D10管脚

11.3.2 线路连接

为了方便编写程序，我们先设计自动卷纸机的电路连接关系，如图11-3所示。将蓝色按钮传感器连接到 D2 管脚，将红色按钮传感器连接到 D3 管脚，将蓝色 LED 灯模块连接到 D10 管脚，将直流减速电机连接到 Romeo 控制器的 M1 电机接口。

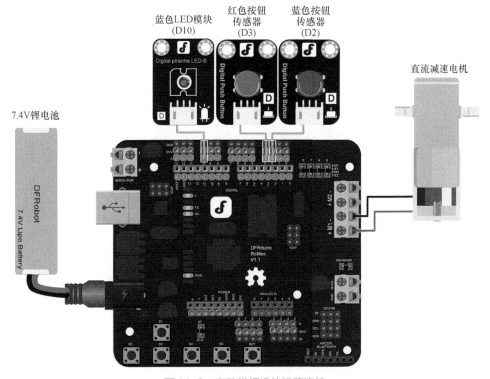

图 11-3　自动卷纸机的线路连接

11.4 编写程序

11.4.1 工作流程

在编写程序之前，我们先梳理思路，设计出程序流程图，如图 11-4 所示。

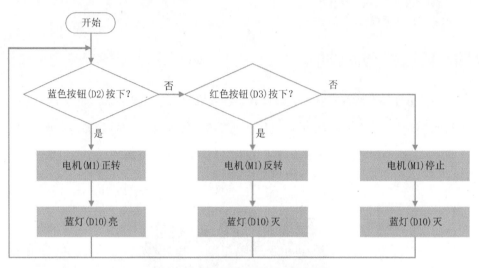

图 11-4　自动卷纸机的程序流程图

11.4.2 编写程序（Mixly 版）

接下来，我们正式开始编写程序。程序的设计思路是：当按下蓝色按钮传感器时，驱动电机正转，带动卷轴收回抽纸；当按下红色按钮传感器时，驱动电机反转，带动卷轴抽出抽纸。

先测试电机速度参数设置与转速的关系：当数值为正时，电机正转；当数值为负数时，电机反转。根据这个变化规律来编写程序，当按下相应按钮时，让对应的电机慢速转动。自动卷纸机完整的 Mixly 程序如图 11-5 所示。

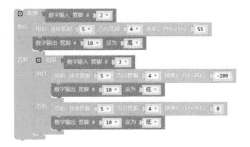

图 11-5   自动卷纸机完整的 Mixly 程序

11.4.3   编写程序（Mind+版）

打开 Mind+ 软件，在界面左下角单击"扩展"图标，在"主控板"类别中选
择"Leonardo"，如图 11-6 所示。

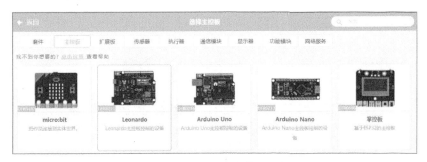

图 11-6   选择主控板

编写自动卷纸机完整的 Mind+ 程序，如图 11-7 所示。

图 11-7   自动卷纸机完整的 Mind+ 程序

11.5 结构搭建

11.5.1 材料准备

准备好制作自动卷纸机的其他材料，如表 11-2 所示。

表 11-2　制作自动卷纸机的材料表

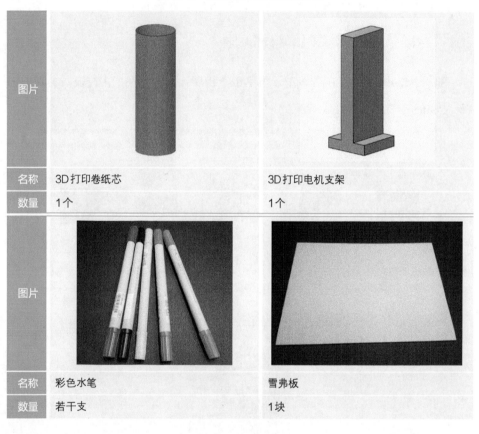

图片		
名称	3D 打印卷纸芯	3D 打印电机支架
数量	1个	1个
图片		
名称	彩色水笔	雪弗板
数量	若干支	1块

11.5.2 制作过程

我们需要在电机轴上固定一个 3D 打印的卷纸芯和电机相连，同时用它来套挂卷纸。该卷纸芯可以使用 3D 打印技术来完成，在其顶部开一个刚好可以卡住电机的长方形孔，如图 11-8 所示。

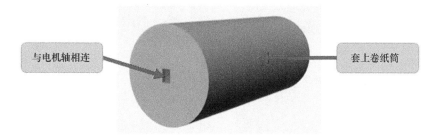

与电机轴相连

套上卷纸筒

图 11-8　卷纸芯模型

用美工刀将雪弗板裁剪成 6 个 15cm×15cm 的正方形，用热熔胶将它们粘成一个正方体。在最下面的雪弗板上开一个 7cm×12cm 的缺口，以方便抽纸可以自由进出，如图 11-9 所示。

为了方便在箱体侧面固定电机，我们先将 3D 打印电机支架与电机黏合在一起，如图 11-10 和图 11-11 所示。

图 11-9　自动卷纸机主体部分

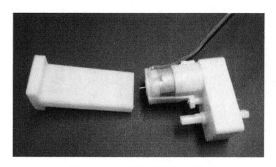

图 11-10　电机支架与电机

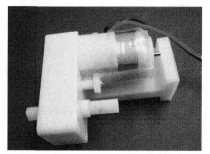

图 11-11　将电机粘在电机支架上

然后再将电机及其支架固定在箱体内部缺口上方的一个侧面上，如图 11-12 所示。

将打印好的卷纸筒芯轻轻插到电机转动轴上，如图 11-13 所示。

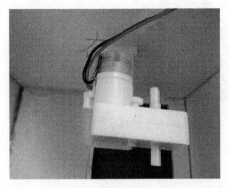
图 11-12　固定电机及其支架

图 11-13　将卷纸芯与电机相连

　　将主控板固定在箱体后侧的面板上，将蓝色 LED 模块、外接电源及两个按钮分别固定在箱体上方和侧面的面板上，如图 11-14 所示。

　　最后将上面连接有 LED 模块的盖子固定好，至此，自动卷纸机就组装完成了，成品如图 11-15 所示。

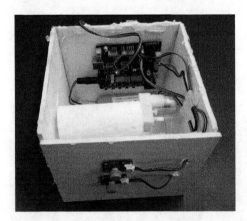
图 11-14　固定主板及传感器

图 11-15　自动卷纸机成品

11.6　效果演示

　　接通外部电源，按下蓝色按钮出纸并亮灯，按下红色按钮则回纸，如图 11-16 所示。

图 11-16　自动卷纸机效果演示

请扫描右侧的二维码，观看完整的演示效果。

扩展与提高

　　请尝试在按下按钮时加上一段语音提醒，如按下蓝色按钮时提醒要节约用纸，当按下红色按钮时播放点赞的录音。

第 12 章

掌控气象站

暂假里，科学老师给同学们布置了记录一周天气变化的实践作业，要求他们记录每天的最高温度、最低温度、天气状况等信息。记录一周的数据并不难，只要每天按时收看电视上的天气预报或者通过手机查询天气信息就可以了。但如果要记录更长时间的数据呢？比如一个月，甚至是一年，那么每天去记录就显得有些麻烦了。能否设计一个可以记录整年温湿度情况的气象站呢？在本节中，我们将利用掌控板和温湿度传感器来设计一个掌控气象站。作品成品如图 12-1 所示。

图 12-1 掌控气象站成品

12.1 任务描述

为了实现掌控气象站的功能，我们需要解决以下几个问题：温湿度的检测、在掌控板的 OLED 屏幕上显示温湿度、将获取的温湿度数据发送到 SIoT 服务器，以及在 SIoT 客户端上绘制出温湿度的变化曲线。

要实现温湿度的检测，可以使用掌控板读取 DHT11 温湿度传感器测到的数据，并将数值显示在掌控板的 OLED 屏幕上。为了将温湿度数据发送到 SIoT 服务器，我们需要了解 SIoT 服务器的基本知识，还需要在自己的计算机上创建 SIoT 服务器。

12.2 草图设计

掌控气象站的设计草图如图 12-2 所示。

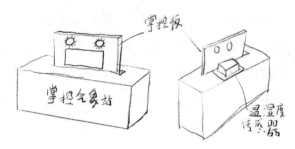

图 12-2 掌控气象站的设计草图

12.3 搭建电路

12.3.1 所需的元件

根据设计思路，准备好制作掌控气象站所需的元件，如表 12-1 所示。

表12-1 制作掌控气象站所需的元件

元件图片	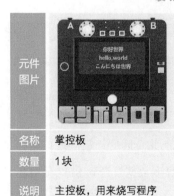		
名称	掌控板	掌控扩展板	DHT11温湿度传感器
数量	1块	1块	1个
说明	主控板，用来烧写程序	将掌控板插在扩展板中间的插槽中，在扩展板上可以连接传感器	连接到掌控扩展板的P13号管脚

12.3.2　线路连接

为了方便编写程序，我们先设计掌控气象站的电路连接关系。如图 12-3 所示，将掌控板插入掌控扩展板的插槽中，再将 DHT11 温湿度传感器连接在掌控扩展板的 P13 号管脚。

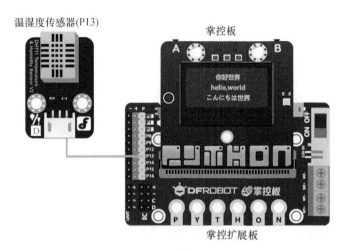

图12-3　掌控气象站的电路连线

12.4　SIoT 服务器搭建

12.4.1　SIoT 简介

SIoT 是一个跨平台的开源 MQTT 服务器程序，S 指科学（Science）、简单（Simple）的意思。SIoT 支持 Windows 7、Windows 10、macOS、Linux 等操作系统，一键启动，不需要用户注册或者系统设置即可使用。

SIoT 为"虚谷物联"项目的核心软件，是为了帮助中小学生理解物联网原理，并且能够基于物联网技术开发各种创意应用。这款软件可用于收集和导出物联网数据，是采集科学数据的优选工具之一。

12.4.2 SIoT 服务器的具体搭建

我们以 Windows 10 系统为例,介绍 SIoT 服务器的搭建。SIoT 是一款绿色软件,双击运行 SIoT_win.exe(根据计算机配置,正确选择 64 或者 32 位安装文件),将看到一个黑色的 CMD 窗口,其中显示各种连接信息,如图 12-4 所示。如果想继续以自己的计算机作为 MQTT 服务器的话,请不要关闭它。

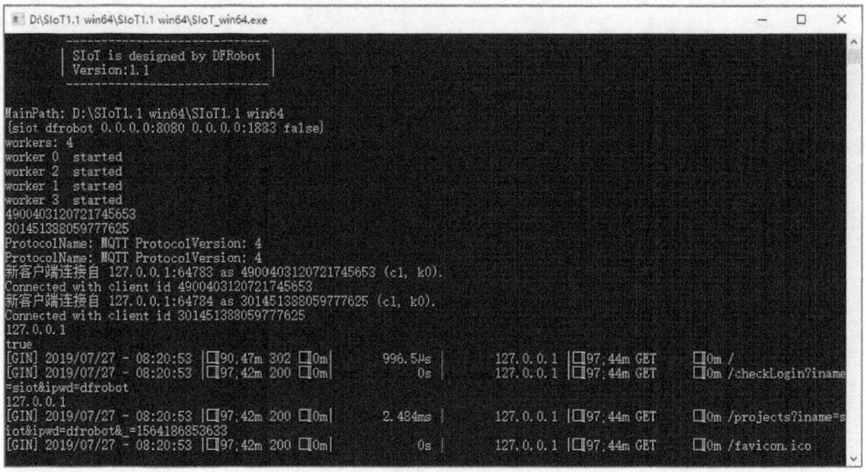

图 12-4 SIoT 服务器运行界面

SIoT 启动后,计算机就成了一个标准的 MQTT 服务器,可供任何一款 MQTT 客户端程序访问。

服务器地址:计算机局域网 IP 地址

MQTT 端口:1883

用户名:siot(小写)

默认密码:dfrobot(小写)

消息主题(Topic):项目名 / 设备名(可以自定义,中间的"/"不可缺少。)

Web 管理地址:http:// 计算机 IP:8080

本机管理地址为 http://127.0.0.1:8080 或 http://localhost:8080。

启动服务器之后，我们就可以通过浏览器访问 SIoT 的管理页面（见图 12-5），就可以使用掌控板通过网络将数据上传到该服务器。

图 12-5　SIoT 管理界面

12.5　编写程序

12.5.1　工作流程

在写程序之前，我们先梳理思路，设计出程序流程图，如图 12-6 所示。

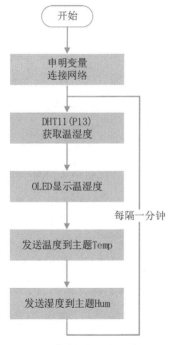

图 12-6　掌控气象站的程序流程图

首先，要在初始化中定义变量用于记录温度和湿度数值；其次，每隔一段时间从 DHT11 温湿度传感器中读取温湿度值，将该数值显示到屏幕上，并发送到 SIoT 服务器上对应的主题。

12.5.2 编写程序（Mixly 版）

根据流程图，先初始化相关变量、连接网络并初始化 OLED 屏幕，程序如图 12-7 所示。

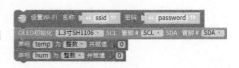

图 12-7 掌控气象站的初始化程序

接着定义 OLED 屏幕上显示的内容。

在 "page1" 函数中定义使用宋体 14 号字体，第一行中间位置显示 "掌控气象站" 作为标题文字，第二行显示 "温度"，第三行显示 "湿度"，程序如图 12-8 所示。

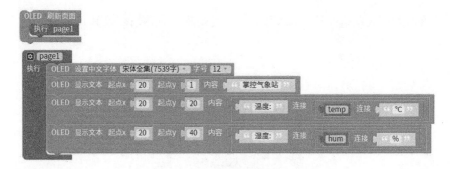

图 12-8 OLED 显示函数

创建一个简单的定时器，设置该定时器每隔 60s 执行一次。在该定时器中读取温湿度数值，并通过串口打印数值。再将 OLED 刷新页面也放到定时器中，程序如图 12-9 所示。

接下来，编写连接 SIoT 服务器部分，先设置 MQTT 服务器参数。其中的服务器地址为我们搭建 SIoT 服务器的计算机的 IP，默认的 MQTT 服务器端口为 "1883"，项目 ID 设置为 "WeatherStation"，IOT ID 为 SIoT 服务器默认账号，IOT PWD 为默认账号对应的密码。程序如图 12-10 所示。

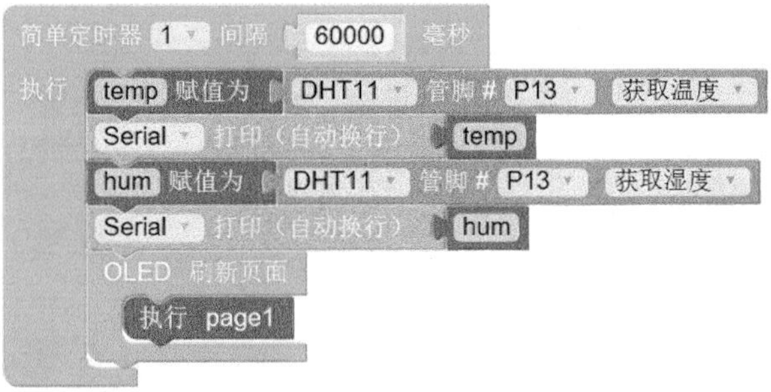

图 12-9　简单定时器函数

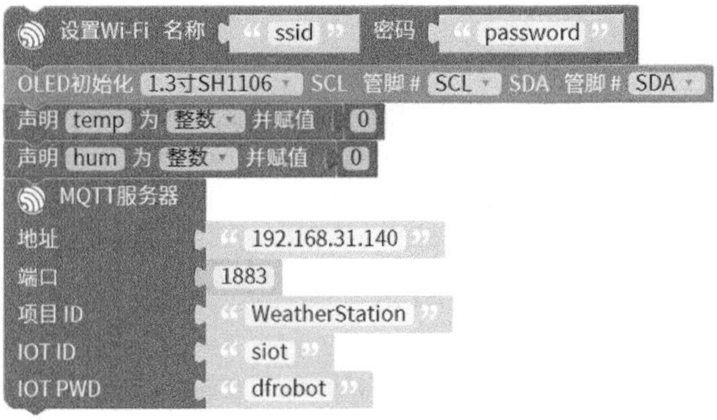

图 12-10　SIoT 服务器连接程序

在简单定时器中增加"MQTT：发送消息"语句，分别发送温度和湿度到对应的主题，程序如图 12-11 所示。

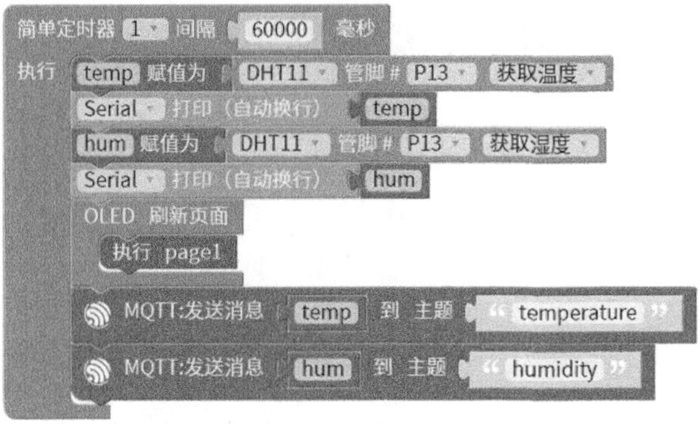

图 12-11　增加 MQTT 发送消息语句

掌控气象站完整的 Mixly 程序如图 12-12 所示。

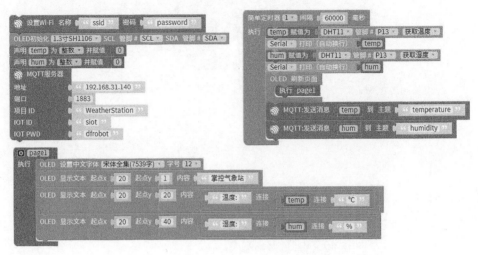

图 12-12　掌控气象站完整的 Mixly 程序

12.5.3　编写程序（Mind+ 版）

首先，我们要根据作品选择对应的主控板及传感器。单击 Mind+ 软件界面左下角的"扩展图标"。在"主控板"类别中选择"掌控板"，如图 12-13 所示。

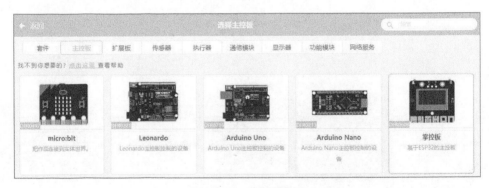

图 12-13　选择主控板

在"传感器"类别中选择"DHT11/22 温湿度传感器"，如图 12-14 所示。

在"网络服务"类别中选择"MQTT"和"WiFi"，如图 12-15 所示。

图 12-14　选择传感器

图 12-15　选择网络服务

根据流程图，先声明用于记录温度和湿度的数字类型变量"hum"和"temp"，如图 12-16 所示。

在主程序中读取温湿度，并将温湿度值记录到对应的变量中。在屏幕上第一行中央显示作品标题"掌控气象站"，在第二行显示"温度"，第三行显示"湿度"。程序如图 12-17 所示。

接下来编写联网程序和 MQTT 服务器设置程序，填写掌控板可以连接的 WiFi 信息，对 MQTT 服务器进行初始化，并让 MQTT 发起连接，程序如图 12-18 所示。

图 12-16　声明变量"hum"和"temp"

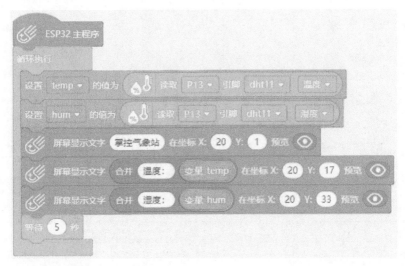

图 12-17　掌控气象站的主程序

单击 MQTT 初始化参数的"设置"图标，在弹出的面板上对 MQTT 服务器进行设置。"物联网平台"处选择"SIOT"。"账号"设置为 SIOT 平台的默认账号"siot"，"密码"设置为默认密码"dfrobot"。再创建两个"Topic"用于发送温度值和湿度值，将"Topic-0"的名称设置为"zhangkong/Temp"，用于发送温度值；将"Topic-1"的名称设置为"zhangkong/Hum"，用于发送湿度值，程序如图 12-19 所示。

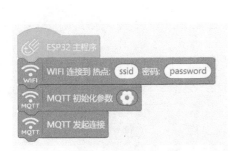

图 12-18　掌控连接网络和 MQTT 服务器程序

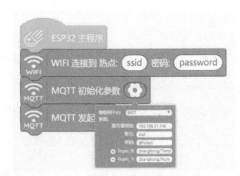

图 12-19　MQTT 初始化参数设置

设置完联网和 MQTT 服务器之后，在主程序中用 MQTT 发送消息，发送温度到 Topic_0，发送湿度到 Topic_1，程序如图 12-20 所示。

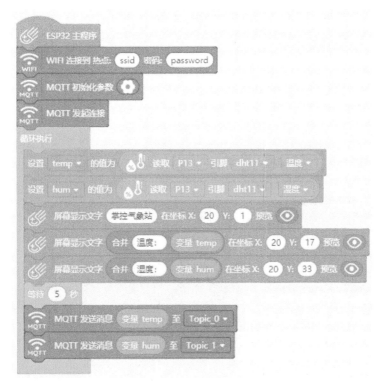

图 12-20　掌控气象站的主程序（Mind+ 版）

我们使用激光切割木板来制作本作品的外观。在外观设计上，我们将用到一个开源的激光切割图纸设计网站进行设计。

12.6.1　图纸设计与加工

先打开网站 https://www.festi.info/boxes.py/（Boxes.py 汉化版本）。该网站提供了大量的常见模型快速设计方案，比如盒子、圆角盒子、托盘和抽屉等，如图 12-21 所示。

我们选择第一类"Boxes"（盒子），再选择"封闭的盒子"，如图 12-22 所示。

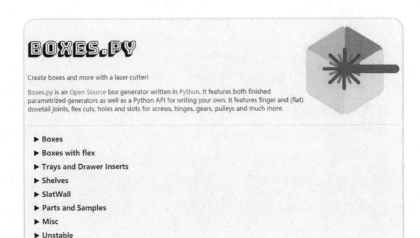

图 12-21　Boxes 主页

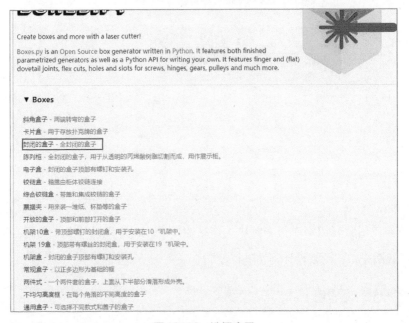

图 12-22　选择盒子

　　根据掌控板和扩展板的大小，设置盒子的外形尺寸，如图 12-23 所示。

　　然后单击"生成"按钮，就会自动生成图纸，如图 12-24 所示。图纸底部的"100mm"字样为尺寸定位参数。

图 12-20 掌控气象站的主程序（Mind+ 版）

12.6 结构搭建

我们使用激光切割木板来制作本作品的外观。在外观设计上，我们将用到一个开源的激光切割图纸设计网站进行设计。

▶ 12.6.1 图纸设计与加工

先打开网站 https://www.festi.info/boxes.py/（Boxes.py 汉化版本）。该网站提供了大量的常见模型快速设计方案，比如盒子、圆角盒子、托盘和抽屉等，如图 12-21 所示。

我们选择第一类"Boxes"（盒子），再选择"封闭的盒子"，如图 12-22 所示。

BOXES.PY

Create boxes and more with a laser cutter!

Boxes.py is an Open Source box generator written in Python. It features both finished parametrized generators as well as a Python API for writing your own. It features finger and (flat) dovetail joints, flex cuts, holes and slots for screws, hinges, gears, pulleys and much more.

▶ Boxes
▶ Boxes with flex
▶ Trays and Drawer Inserts
▶ Shelves
▶ SlatWall
▶ Parts and Samples
▶ Misc
▶ Unstable

图 12-21　Boxes 主页

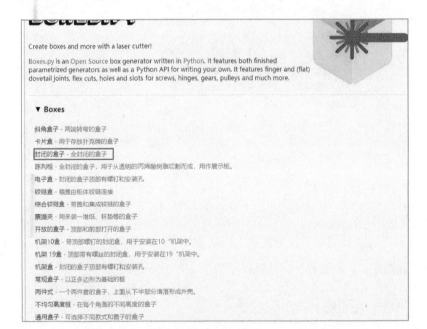

图 12-22　选择盒子

根据掌控板和扩展板的大小，设置盒子的外形尺寸，如图 12-23 所示。

然后单击"生成"按钮，就会自动生成图纸，如图 12-24 所示。图纸底部的"100mm"字样为尺寸定位参数。

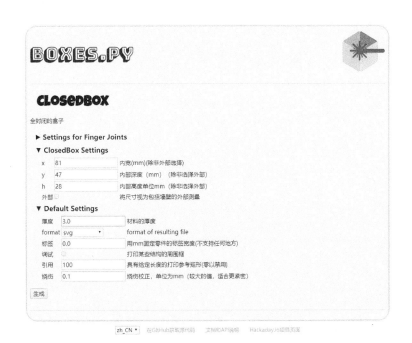

图 12-23　盒子尺寸参数设置

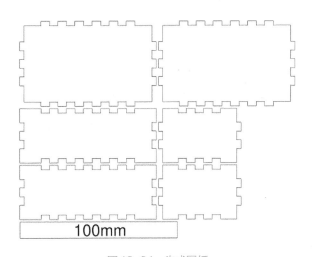

图 12-24　生成图纸

　　然后在 Adobe Illustrator、Inkscape 或激光切割软件中，对图纸进行微调，增加导线的孔位、传感器固定孔位、USB 电源孔位等，再加上作品的标题"掌控气象站"，用红色标注表示用雕刻模式加工。最终的图纸如图 12-25 所示。

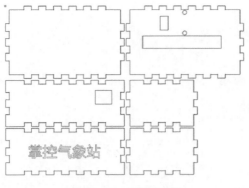

图 12-25　最终的图纸

接着将图纸导入激光切割机软件进行切割和雕刻。加工完成后的激光切割结构件如图 12-26 所示。

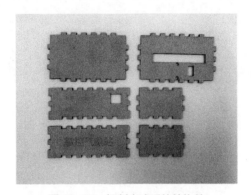

图 12-26　切割完成后的结构件

12.6.2　制作过程

将结构件进行组装，并将掌控板及扩展板放入其中，注意背后的 USB 电源接口与后盖孔位对齐，如图 12-27 所示。

将 DHT11 温湿度传感器连接到扩展板上 P13 接口，然后合上底座盖板，并将其用塑料铆钉固定在盖板上，如图 12-28 所示。

组装完成后的掌控气象站成品如图 12-29 所示。

最后再用彩色颜料在底座上做一些装饰，最终的效果如图 12-30 所示。

图12-27　组装底座

图12-28　固定传感器

图12-29　掌控气象站成品

图12-30　装饰后的掌控气象站

12.7　效果演示

完成之后，在掌控板的屏幕上就可以查看到当前的温湿度，并且可以在

"SIoT"界面上查看温湿度读数，如图 12-31 所示。

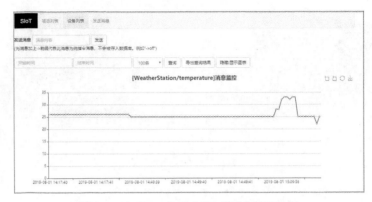

图 12-31 "SIoT"界面显示接收到的温度值

SIoT 界面显示接收到的湿度值，如图 12-32 所示。

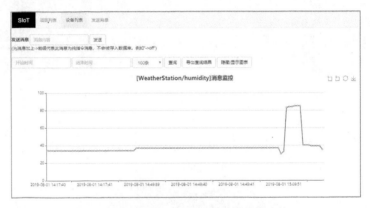

图 12-32 SIoT 界面显示接收到的湿度值

请扫描右侧的二维码，观看完整的演示效果。

扩展与提高

　　现在，我们可以利用掌控板和 SIoT 服务器完成温湿度数据的采集和记录了。掌控气象站既可以作为桌面温湿度计，又可以作为温湿度采集终端。你能否再给它增加时钟的功能呢？快来试试吧！

第 13 章
掌控植物伴侣

假期期间，很多同学会跟随家人出门旅游，而留在家里的植物就会"独守空房"。待我们回到家里，发现植物已经奄奄一息，甚至已经枯死了。如果当我们离开家的时候，可以用其他途径给植物浇水，就不会出现这种情况了。

在本节中，我们将制作一个基于掌控板的植物伴侣，可以方便大家在外出的时候及时给家里的植物浇水。作品成品如图 13-1 所示。

图 13-1 掌控植物伴侣成品

13.1 任务描述

为了实现掌控植物伴侣的功能，我们需要解决以下几个问题：植物土壤湿度的检测、在掌控板的 OLED 屏幕上显示实际的土壤湿度值、将土壤湿度数值发送到 SIoT 服务器，以及通过手机可以控制水泵浇水。

13.2　草图设计

掌控植物伴侣的设计草图如图 13-2 所示。

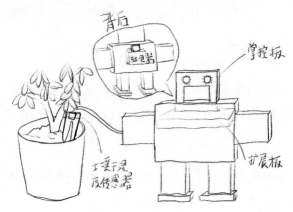

图 13-2　掌控植物伴侣的设计草图

13.3　搭建电路

▶ 13.3.1　所需的元件

根据设计思路，准备好制作掌控植物伴侣所需的元件，如表 13-1 所示。

表 13-1　制作掌控植物伴侣的元件

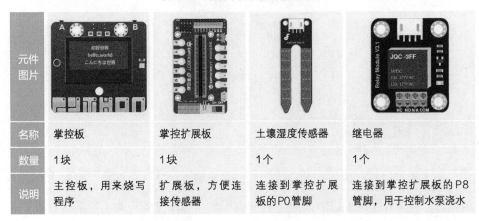

元件图片			
名称	掌控板	掌控扩展板	土壤湿度传感器	继电器
数量	1块	1块	1个	1个
说明	主控板，用来烧写程序	扩展板，方便连接传感器	连接到掌控扩展板的 P0 管脚	连接到掌控扩展板的 P8 管脚，用于控制水泵浇水

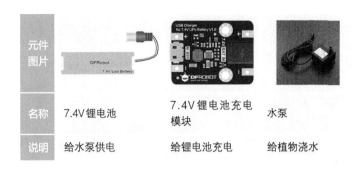

元件图片			
名称	7.4V 锂电池	7.4V 锂电池充电模块	水泵
说明	给水泵供电	给锂电池充电	给植物浇水

▶ 13.3.2 线路连接

为了方便编写程序，我们先设计掌控植物伴侣的电路连接关系。如图 13-3 所示，将继电器连接到掌控扩展板的 P8 管脚，将土壤湿度传感器连接到 P0 管脚，再将水泵和电源按照示意图连接。

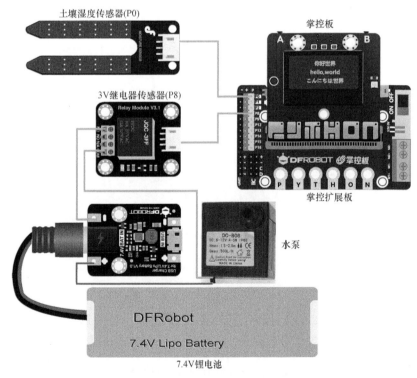

图 13-3　掌控植物伴侣的电路连接

13.4 编写程序

▶ 13.4.1 工作流程

在写程序之前，我们先梳理思路，设计出程序流程图，如图 13-4 所示。

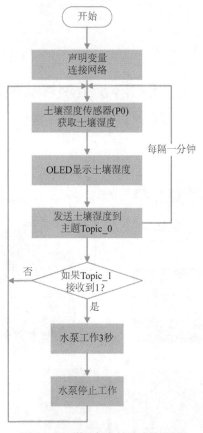

图 13-4　掌控气象站程序流程图

首先要申明变量以及连接网络和 MQTT 服务器，然后每隔 1min 检测一次土壤湿度，将数值显示在 OLED 屏幕上，并将数值发送到 MQTT 服务器的主题 Topic_0。如果 Topic_1 接收到消息 1，则开启水泵进行浇水。

▶ 13.4.2 编写程序（Mixly 版）

根据流程图，先初始化相关变量、连接网络、连接 MQTT 服务器并初始化 OLED 屏幕，初始化程序如图 13-5 所示。

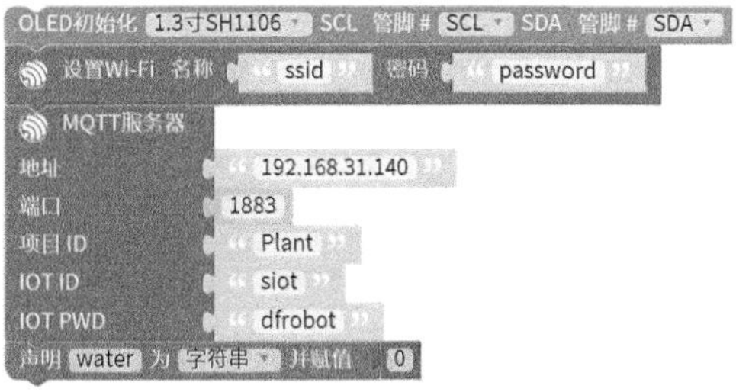

OLED初始化 1.3寸SH1106 SCL 管脚 # SCL ▾ SDA 管脚 # SDA ▾

设置Wi-Fi 名称 ssid 密码 password

MQTT服务器
地址 192.168.31.140
端口 1883
项目 ID Plant
IOT ID siot
IOT PWD dfrobot
声明 water 为 字符串 ▾ 并赋值 0

图 13-5　掌控植物伴侣的初始化程序

接着定义 OLED 页面显示的内容。在"page1"函数中定义使用宋体 14 号字体，第一行中间位置显示"掌控植物伴侣"作为标题文字，第二行显示"土壤湿度"作为标题文字，程序如图 13-6 所示。

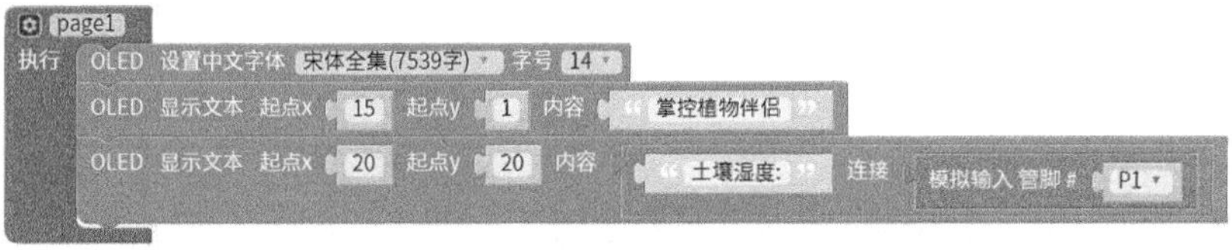

page1
执行 OLED 设置中文字体 宋体全集(7539字) ▾ 字号 14 ▾
　　OLED 显示文本 起点x 15 起点y 1 内容 掌控植物伴侣
　　OLED 显示文本 起点x 20 起点y 20 内容 土壤湿度: 连接 模拟输入 管脚 # P1 ▾

图 13-6　OLED 显示函数

创建一个"简单定时器"函数，设置该定时器每隔 60s 执行一次。在该定时器中读取土壤湿度值，并将土壤湿度发送到主题 Topic_0。再将"OLED 刷新页面"也放到定时器函数中，程序如图 13-7 所示。

简单定时器 1 ▾ 间隔 10000 毫秒
执行 MQTT:发送消息 模拟输入 管脚 # P1 ▾ 到 主题 Topic_0
　　OLED 刷新页面
　　执行 page1

图 13-7　简单定时器函数

如果 Topic_1 收到消息，则判断该消息是否为 1，如果是 1，就浇水 3s，否则就不浇水，程序如图 13-8 所示。

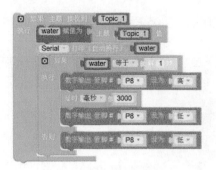

图 13-8　主题接收函数

掌控植物伴侣完整的 Mixly 程序如图 13-9 所示。

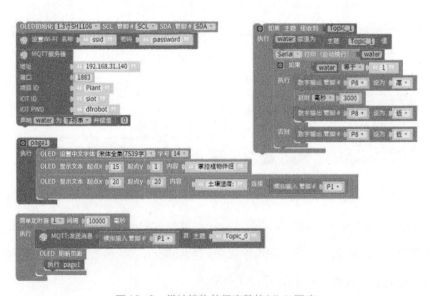

图 13-9　掌控植物伴侣完整的 Mixly 程序

13.4.3　编写程序（Mind+ 版）

首先，我们要根据作品选择好对应的主控板及传感器。单击 Mind+ 软件界面左下角的"扩展"图标。在"主控板"类别中选择"掌控板"，如图 13-10 所示。

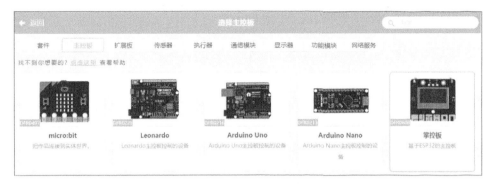

图 13-10　选择主控板

在"网络服务"类别中选择"MQTT"和"WiFi",如图 13-11 所示。

图 13-11　选择 MQTT 和 WiFi 功能

根据流程图,先设置掌控板联网信息和 MQTT 服务器信息,如图 13-12 所示。

图 13-12　掌控植物伴侣配置网络和 MQTT 服务器

在主函数中将土壤湿度发送到主题"Topic_0",程序如图 13-13 所示。

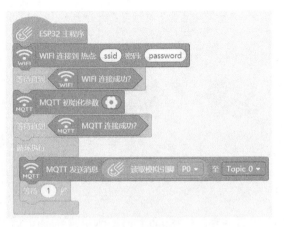

图 13-13　掌控植物伴侣主程序函数

接下来从主题"Topic_1"收到"MQTT 消息"，并打开水泵，程序如图 13-14 所示。

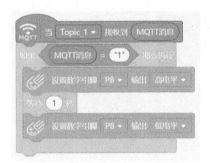

图 13-14　接收主题Topic_1消息程序

13.5　手机 App 设置

我们离开家时，希望可以通过手机 App 控制掌控植物伴侣，这就需要一个可以连接 MQTT 服务器的 App。常见的 MQTT App 有 MQTT Client、IoT MQTT Panel 等，如图 13-15 和图 13-16 所示。

我们以 IoT MQTT Panel 为例，介绍如何通过 App 控制掌控植物伴侣。通常需要在 App 端完成连接 MQTT 服务器、添加设备、添加组件等步骤，如图 13-17 所示。

图 13-15　MQTT Client

图 13-16　IoT MQTT Panel

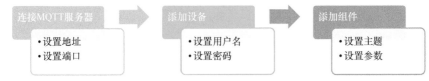

图 13-17　App使用步骤

具体操作可扫右侧的二维码观看视频。

完成配置之后，就可以通过 App 控制掌控植物伴侣浇水，也可以在 App 上随时看到土壤湿度值，如图 13-18 所示。

图 13-18　IoT MQTT Panel界面

13.6 结构搭建

我们使用激光切割木板来制作本作品的外观。根据草图，植物伴侣由躯干、两条腿、两条手臂组成，每个部分都是一个简单的方盒子。所以在外观设计上，我们仍然借助 Boxes.Py 网站进行设计。

13.6.1 图纸设计与加工

先打开 12.6.1 节提到的网站。然后我们选择第一类"Boxes"（盒子），再选择"封闭的盒子"，如图 13-19 所示。

Create boxes and more with a laser cutter!

Boxes.py is an Open Source box generator written in Python. It features both finished parametrized generators as well as a Python API for writing your own. It features finger and (flat) dovetail joints, flex cuts, holes and slots for screws, hinges, gears, pulleys and much more.

▼ Boxes

斜角盒子 - 两端转弯的盒子

卡片盒 - 用于存放扑克牌的盒子

封闭的盒子 - 全封闭的盒子

陈列柜 - 全封闭的盒子，用于从透明的丙烯酸树脂切割而成，用作展示柜。

电子盒 - 封闭的盒子顶部有螺钉和安装孔

铰链盒 - 箱盖由柜体铰链连接

综合铰链盒 - 带盖和集成铰链的盒子

票据夹 - 用来装一堆纸、杯垫等的盒子

开放的盒子 - 顶部和前部打开的盒子

机架10盒 - 带顶部螺钉的封闭盒，用于安装在10 "机架中。

机架19盒 - 顶部带有螺丝的封闭盒，用于安装在19 "机架中。

机架盒 - 封闭的盒子顶部有螺钉和安装孔

常规盒子 - 以正多边形为基础的框

两件式 - 一个两件套的盒子，上面从下半部分滑落或成外壳。

不均匀高度框 - 在每个角落的不同高度的盒子

通用盒子 - 可选择不同款式和盖子的盒子

图13-19　选择盒子

根据掌控板和扩展板的大小，设置植物伴侣各个部件的外形尺寸，如图 13-20 ～图 13-22 所示。

图13-15　MQTT Client

图13-16　IoT MQTT Panel

图13-17　App使用步骤

具体操作可扫右侧的二维码观看视频。

完成配置之后，就可以通过 App 控制掌控植物伴侣浇水，也可以在 App 上随时看到土壤湿度值，如图 13-18 所示。

图13-18　IoT MQTT Panel界面

13.6　结构搭建

我们使用激光切割木板来制作本作品的外观。根据草图，植物伴侣由躯干、两条腿、两条手臂组成，每个部分都是一个简单的方盒子。所以在外观设计上，我们仍然借助 Boxes.Py 网站进行设计。

13.6.1　图纸设计与加工

先打开 12.6.1 节提到的网站。然后我们选择第一类 "Boxes"（盒子），再选择 "封闭的盒子"，如图 13-19 所示。

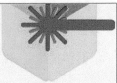

BOXES.PY

Create boxes and more with a laser cutter!

Boxes.py is an Open Source box generator written in Python. It features both finished parametrized generators as well as a Python API for writing your own. It features finger and (flat) dovetail joints, flex cuts, holes and slots for screws, hinges, gears, pulleys and much more.

▼ Boxes

斜角盒子 - 两端转弯的盒子

卡片盒 - 用于存放扑克牌的盒子

封闭的盒子 - 全封闭的盒子

陈列柜 - 全封闭的盒子，用于从透明的丙烯酸树脂切割而成，用作展示柜。

电子盒 - 封闭的盒子顶部有螺钉和安装孔

铰链盒 - 箱盖由柜体铰链连接

综合铰链盒 - 带盖和集成铰链的盒子

票据夹 - 用来装一堆纸、杯垫等的盒子

开放的盒子 - 顶部和前部打开的盒子

机架10盒 - 带顶部螺钉的封闭盒，用于安装在 10 "机架中。

机架 19盒 - 顶部带有螺丝的封闭盒，用于安装在 19 "机架中。

机架盒 - 封闭的盒子顶部有螺钉和安装孔

常规盒子 - 以正多边形为基础的框

两件式 - 一个两件套的盒子，上面从下半部分滑落形成外壳。

不均匀高度框 - 在每个角落的不同高度的盒子

通用盒子 - 可选择不同款式和盖子的盒子

图 13-19　选择盒子

根据掌控板和扩展板的大小，设置植物伴侣各个部件的外形尺寸，如图 13-20～图 13-22 所示。

图 13-20　躯干尺寸参数设置

图 13-21　双腿尺寸参数设置

图 13-22　双臂尺寸参数设置

　　然后分别单击"生成"按钮，就会自动生成躯干、腿和手臂的图纸，如图 13-23 ～
图 13-25 所示，图纸底部的"100mm"字样为尺寸定位参数。

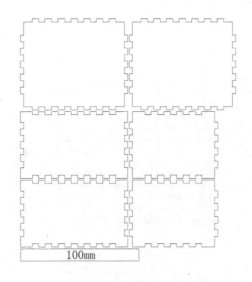

图 13-23　躯干图纸

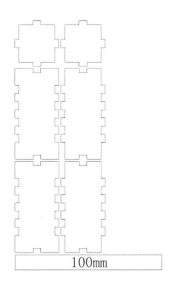

图 13-24　双腿图纸

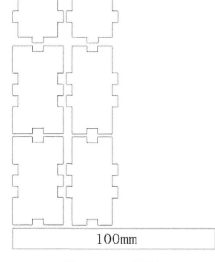

图 13-25　手臂图纸

然后在 Adobe Illustrator 或 Inkscape 或激光切割软件中，根据几个结构的组装关系，对图纸进行微调，增加导线的孔位、传感器固定孔位、连接槽等。还要注意的是，上面生成的腿和手臂图纸都是单个的，需要复制两份。最终的图纸如图 13-26 所示。

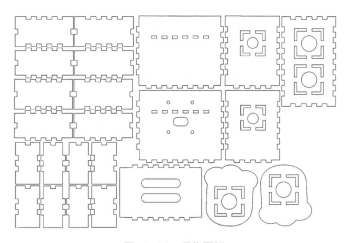

图 13-26　最终图纸

接着将图纸导入激光切割机软件进行切割和雕刻，加工完成后的激光切割结构件如图 13-27 所示。

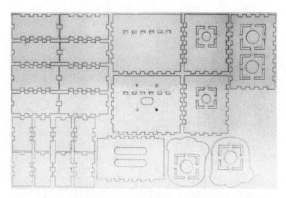

图 13-27　切割完成后的结构件

▶ 13.6.2　制作过程

将结构件进行组装，先组装好两条腿和两条手臂，如图 13-28 所示。

然后组装身体结构，并将双腿连接到身体下方，将两条手臂连接到身体的侧面，如图 13-29 所示。注意，身体上有一些通孔，可以用来安装传感器，并且便于将导线隐藏在作品内部，保持美观。

图 13-28　组装双腿和双臂

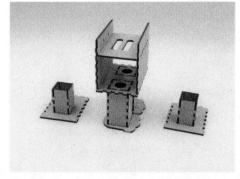

图 13-29　将双腿及双臂连接到身体上

将继电器固定到身体后面，并将导线从身体内部穿过，如图 13-30 所示。

将土壤湿度传感器的导线从身体内部穿过，如图 13-31 所示。

最后再将掌控板和扩展板固定到身体上方，并将传感器导线按照电路图连接到扩展板上，如图 13-32 所示。

图 13-30　固定继电器

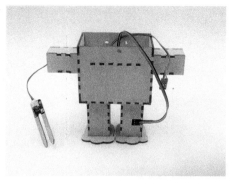

图 13-31　固定土壤湿度传感器

最终组装好的效果如图 13-33 所示。

图 13-32　固定掌控板和扩展板

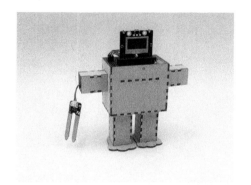

图 13-33　组装后成品的效果

再用彩色颜料做一些装饰，最终的效果如图 13-34 所示。

图 13-34　装饰后的掌控植物伴侣

13.7 效果演示

请扫描右侧的二维码，观看完整的演示效果。

扩展与提高

通过两个物联网项目的实践，我们已经初步了解了如何利用 SIoT 平台设计物联网项目，以及如何通过 SIoT 实现数据的发送和订阅。我们还可以利用 App Inventor 开发自己的 App，进而控制远程的设备，提高创客作品的趣味性和实用性。